Informatorium voor Voeding en Diëtetiek

Majorie Former • Gerdie van Asseldonk
Jacqueline Drenth • Jolanda van Duinen
(Redactie)

Informatorium voor Voeding en Diëtetiek

Dieetleer en Voedingsleer – Supplement 93 – augustus 2016

Bohn
Stafleu
van Loghum

Houten 2016

Redactie
Majorie Former
Almere, The Netherlands

Jacqueline Drenth
Garrelsweer, The Netherlands

Gerdie van Asseldonk
Delft, The Netherlands

Jolanda van Duinen
Drachten, The Netherlands

ISBN 978-90-368-1258-0 ISBN 978-90-368-1259-7 (eBook)
DOI 10.1007/978-90-368-1259-7

NUR 893
Basisontwerp omslag: Studio Bassa, Culemborg
Automatische opmaak: Scientific Publishing Services (P) Ltd., Chennai, India

Bohn Stafleu van Loghum
Het Spoor 2
Postbus 246
3990 GA Houten

www.bsl.nl

Voorwoord bij supplement 93

Augustus 2016

In dit supplement zijn de volgende hoofdstukken geactualiseerd.

Coeliakie bij kinderen door mw. J. Drenth, diëtist, Diëtistenpraktijk Groningen.

Kinderen die aan coeliakie lijden hebben een intolerantie voor gluten en moeten levenslang een glutenvrij dieet volgen. In dit hoofdstuk wordt besproken wat de verschijnselen van de ziekte zijn bij kinderen en waardoor deze worden veroorzaakt. De diëtist begeleidt en motiveert de patiënt en zijn verzorgers en geeft informatie over glutenvrije producten.

Diabetes mellitus bij volwassenen door mw. E.R.G. Kuipers, diëtist en lid van de NDF-werkgroep herziening voedingsrichtlijn Diabetes 2015.

In dit hoofdstuk wordt de lezer geïnformeerd over het ziektebeeld diabetes mellitus en de behandelmogelijkheden, in het bijzonder de voedingstherapie. Om het ontstaan van diabetescomplicaties te voorkomen, uit te stellen of de progressie af te remmen is een adequate behandeling van de diabetes van belang. De behandeling omvat leefstijladviezen waaronder voedingsadviezen en medicatie. De auteur maakt duidelijk waaraan een optimale voeding voor diabetespatiënten volgens de huidige inzichten moet voldoen.

Screenen op ondervoeding bij volwassenen door Dr. Ir. H.M. Kruizenga, projectleider Stuurgroep Ondervoeding van de sectie acuut & chronisch zieken, diëtist-onderzoeker VU medisch centrum, Amsterdam, Dr. E. Leistra, projectleider Stuurgroep Ondervoeding, docent Health Sciences Vrije Universiteit, Amsterdam, en Dr. E. Naumann, projectleider Stuurgroep Ondervoeding van de sectie ouderen, docent Hogeschool Arnhem Nijmegen.

Het probleem van aan ouderdom en ziekte gerelateerde ondervoeding is in alle sectoren van de Nederlandse gezondheidszorg groot. Het streven is om (dreigende) ondervoeding tijdig te herkennen. Na de herkenning volgt diagnosestelling en een behandeling op maat, gericht op verbetering van voedingsinname, behoud (of toename) van gewicht, spiermassa en kwaliteit van leven en afname van het aantal complicaties, de opnameduur en mortaliteit. Het hoofdstuk geeft een overzicht van de verschillende screeningsinstrumenten die beschikbaar zijn voor de verschillende sectoren van de zorg om (dreigende) ondervoeding te herkennen.

Voeding bij dunnedarmaandoeningen door L. van der AA B.Sc., diëtist Diakonessenhuis Utrecht/Zeist/Doorn en C. Bijl B.Sc., diëtist VU medisch centrum, Amsterdam.

In dit hoofdstuk wordt ingegaan op diverse dunnedarmaandoeningen en het risico op het ontstaan van deficiënties. Gezien de belangrijke functie van de dunne darm bij de vertering en absorptie is goed voor te stellen dat dunnedarmaandoeningen grote gevolgen kunnen hebben voor de voedingstoestand van patiënten. Om het risico op het ontstaan van ondervoeding en/of deficiënties goed in kaart te brengen is de diagnostiek uitermate belangrijk, waarbij bijvoorbeeld door fecesanalyse de verliezen beter geobjectiveerd kunnen worden. Hierop dient de dieetbehandeling afgestemd te worden.

Het hoofdstuk **Voeding en immunologie** (2013) door Prof. Dr. E. Claassen en E. Pronker B.Sc. is door de auteurs nog steeds actueel bevonden.

Met dit supplement bent u weer geïnformeerd over de laatste ontwikkelingen op het gebied van diëtetiek.

Met vriendelijke groet,
namens de redactie,
Majorie Former, hoofdredacteur *Informatorium voor Voeding en Diëtetiek*

Inhoud

Hoofdstuk 1
Coeliakie bij kinderen

Augustus 2016

J. Drenth

Deze herziening is gebaseerd op het eerdere hoofdstuk dat geschreven was door F van Klinken (augustus 2009).

Samenvatting Mensen die aan coeliakie lijden hebben een intolerantie voor gluten en moeten een glutenvrij dieet volgen. Het is niet precies bekend hoe coeliakie ontstaat, maar het is wel duidelijk dat zowel genetische factoren als omgevingsfactoren een rol spelen. De ziekte komt in Nederland voor bij ten minste één op de honderdvijftig personen, al zijn er nog altijd veel niet-herkende gevallen. De klinische verschijningsvorm van coeliakie is in de loop der tijd veranderd en kent een grote verscheidenheid. De klassieke symptomen (diarree, vermoeidheid, gewichtsverlies en buikpijn) komen bij niet meer dan 1/3 van de pas gediagnosticeerde volwassenen voor (Spijkerman et al. 2016). In dit hoofdstuk wordt besproken wat de verschijnselen van de ziekte zijn bij kinderen en waardoor deze veroorzaakt worden. De diagnose wordt bij volwassenen gesteld op basis van een biopt uit de dunne darm. Voor kinderen is dit onderzoek niet altijd meer nodig bij het stellen van de diagnose. De behandeling bestaat uit een levenslang glutenvrij dieet. Dit is niet eenvoudig omdat veel producten verborgen gluten bevatten en omdat er contaminatie met gluten kan optreden. De diëtist begeleidt en motiveert de patient en geeft informatie over glutenvrije producten. Ook de Nederlandse Coeliakie Vereniging, hun Diëtisten Netwerk Coeliakie en het Diëtisten Info Netwerk Coeliakie (DINC) kunnen hierbij een rol spelen.

J. Drenth (✉)
Redactielid Informatorium voor Voeding en Diëtetiek, Diëtistenpraktijk Groningen, Groningen, The Netherlands

M. Former, G. van Asseldonk, J. Drenth, J. van Duinen (Red.), *Informatorium voor Voeding en Diëtetiek*, DOI 10.1007/978-90-368-1259-7_1

1.1 Inleiding

Coeliakie is een auto-immuunziekte die gekenmerkt wordt door permanente intolerantie voor gluten. Gluten (het Latijnse woord voor 'lijm') is de naam van een groep eiwitten die, samen met zetmeel, worden aangetroffen in het endosperm van veel granen, zoals tarwe, rogge, gerst, spelt en kamut, en in de producten die daarvan worden gemaakt. Het eiwit van tarwe bestaat voor ongeveer 80 % uit gluten. Bij het bakken van brood is het gluten verantwoordelijk voor het vasthouden van de vrijkomende kooldioxide in het deeg, waardoor het brood kan rijzen (zie ook hoofdstuk 'Voeding bij dunnedarmaandoeningen').

Mensen die aan coeliakie lijden moeten levenslang een glutenvrij dieet volgen. Inname van gluten leidt bij hen door een auto-immuunreactie tot beschadiging van de darmvlokken van de dunne darm, wat tot gevolg heeft dat de opname van voedingsstoffen slechter wordt. Wanneer alle producten met gluten worden vermeden, herstellen de darmvlokken zich en kunnen voedingsstoffen weer normaal worden opgenomen. De behandeling van coeliakie met het glutenvrije dieet dateert uit 1950 (Dicke 1993).

1.2 Prevalentie

Naast elk kind met herkende, klassieke coeliakie waren er in 1999 nog zeven kinderen met niet-herkende, asymptomatische, atypische of monosymptomatische coeliakie (Csizmadia et al. 1999). Uit Amerikaans onderzoek blijkt dat zowel de leeftijd waarop de diagnose wordt gesteld (klassiek: in de eerste twee levensjaren) als de verschijnselen die de kinderen vertonen (klassieke verschijnselen: diarree, achterblijvende groei) zijn veranderd. De gemiddelde leeftijd waarop de diagnose wordt gesteld is 11 jaar. Overwegende klachten zijn buikpijn en constipatie (Khatib et al. 2016).

Het is niet precies bekend hoe coeliakie ontstaat, maar het is wel duidelijk dat zowel genetische factoren als omgevingsfactoren een rol spelen. Borstvoeding blijkt geen beschermend effect op het ontstaan van coeliakie te hebben (Szajewska et al. 2016). Waar eerder gedacht werd dat het belangrijk is gluten tussen de vierde en zevende levensmaand te introduceren is deze aanbeveling begin 2016 losgelaten. Het is belangrijk gluten te introduceren tussen de vierde en twaalfde levensmaand. Door een vroege introductie kan coeliakie eerder ontstaan bij hoogrisicokinderen. Enerzijds maakt dit een vroege diagnosestelling mogelijk, anderzijds verhoogt dit de kans bij niet-gescreende kinderen op complicaties (Szajewska et al. 2016).

Bij verschillende auto-immuunziekten is de prevalentie van coeliakie verhoogd. Dat is bijvoorbeeld het geval bij diabetes mellitus type I, schildklierziekten en juveniele idiopathische artritis. Van bijzonder belang is het optreden van coeliakie bij het syndroom van Down: in Nederland is bij deze groep een prevalentie van

8 tot 10 % gevonden. Ook is coeliakie geassocieerd met het syndroom van Turner, een chromosomale ziekte bij meisjes die onder andere wordt gekenmerkt door een korte lengte, en het syndroom van Williams (ook wel het Williams-Beuren-syndroom genoemd), een zeldzame aangeboren ontwikkelingsstoornis die gekenmerkt wordt door een verstandelijke beperking, bepaalde uiterlijke kenmerken, een kenmerkend gedragsprofiel, endocriene afwijkingen en in de meeste gevallen cardiovasculaire afwijkingen.

1.3 Pathologie

De histologische afwijkingen bij coeliakie worden gekenmerkt door vlokatrofie (afvlakking) van het dunnedarmslijmvlies. Ook elders in het lichaam kunnen zich afwijkingen voordoen, bijvoorbeeld in de huid (dermatitis herpetiformis, hoofdstuk 'Voeding bij dunnedarmaandoeningen'). Daarom wordt coeliakie tegenwoordig beschouwd als een aandoening van het gehele lichaam, een multisysteemziekte. De vlokatrofie leidt tot een afname van het absorberend oppervlak, met malabsorptie van energie, vet, (vetoplosbare) vitamines en spoorelementen als gevolg.

Bij onbehandelde coeliakie en slechte dieettrouw bestaat een verhoogde kans op osteoporose, die verbetert bij volwassenen en zelfs normaliseert bij kinderen na behandeling met een glutenvrij dieet. Andere complicaties van onbehandelde coeliakie zijn onvruchtbaarheid bij zowel mannen als vrouwen, herhaalde miskramen en een laag geboortegewicht bij kinderen van vrouwen met onbehandelde coeliakie. Ook is coeliakie geassocieerd met een zeer zeldzame vorm van kanker, het dunnedarmlymfoom (hoofdstuk 'Voeding bij dunnedarmaandoeningen'). Er is echter onvoldoende bewijs beschikbaar om een uitspraak te doen over de associatie tussen coeliakie en het ontwikkelen van dunnedarmlymfomen bij kinderen (Schweizer 2004).

Het glutenvrije dieet doet in de meeste gevallen de histologische afwijkingen in de dunne darm verdwijnen en voorkomt complicaties. Dieetfouten moeten zo veel mogelijk worden voorkomen, omdat daardoor opnieuw vlokatrofie ontstaat. De symptomen kunnen dan terugkeren en er kunnen alsnog complicaties optreden. Slechts een kleine groep patiënten, met name ouderen, reageert niet (meer) op het dieet en moet met immunosuppressiva worden behandeld.

1.4 Etiologie

Hoe coeliakie ontstaat, is nog niet helemaal opgehelderd. Coeliakie heeft een sterke associatie met de HLA-genen op chromosoom 6, die betrokken zijn bij de regulatie van de immuunrespons. Het HLA-DQ2-gen is aanwezig bij ongeveer

95 % van de coeliakiepatiënten; bij de overige patiënten wordt meestal het HLA-DQ8-gen gevonden. Deze genen zijn echter niet als enige verantwoordelijk voor het ontstaan van coeliakie, aangezien HLA-DQ2 voorkomt bij ongeveer 40 % van de Nederlandse bevolking. Daarom wordt aangenomen dat ook andere genetische factoren en omgevingsfactoren noodzakelijk zijn voor het ontstaan van coeliakie (Sollid et al. 1989). Het al dan niet krijgen van borstvoeding of het vroeg introduceren van (grote) hoeveelheden gluten blijkt geen verband te houden met het ontstaan van coeliakie. Onderzoek wordt gedaan naar het verband tussen vatbaarheid voor infecties in de zeer vroege jeugd (jonger dan 18 maanden) en het ontstaan van coeliakie. Verder onderzoek is nodig, omdat de resultaten niet eensluidend zijn (Mårild 2015). Coeliakie komt voor bij 3 tot 10 % van de eerstegraadsfamilieleden van coeliakiepatiënten (Mearin et al. 1999).

1.5 Klinische verschijnselen

De 'klassieke' symptomen van coeliakie zijn chronische diarree, een opgezette buik, een afbuigende groeicurve en humeurigheid (George et al. 1998; Mearin 2004). Die beginnen meestal enkele maanden nadat gluten in de voeding is geïntroduceerd, soms ook later. Uit het onderzoek van George en medewerkers blijkt dat de klinische presentatie van coeliakie in de loop der tijd is veranderd. Er worden tegenwoordig minder vaak kinderen gezien met de klassieke, chronische diarree en een opgezette buik. Overwegende klachten zijn buikpijn (50 % van de patiënten) en constipatie (40 % van de patiënten) (Khatib et al. 2016). Een overzicht van bij coeliakie passende symptomen staat in kader 1.

Kader 1. Symptomen van coeliakie

- chronische diarree
- obstipatie
- stinkende, volumineuze ontlasting
- humeurigheid
- lusteloosheid
- groeiachterstand
- opgezette buik
- anemie
- weinig eetlust
- misselijkheid
- aften
- osteoporose
- afwijkingen aan het tandglazuur

1.6 Diagnostiek

Het is bij verdenking op coeliakie niet juist om als proef een glutenvrij dieet te adviseren voordat de diagnose is gesteld. Hierdoor wordt het namelijk aanzienlijk moeilijker om de diagnose met voldoende zekerheid te kunnen stellen.

In 2012 zijn door de ESPGAN nieuwe richtlijnen opgesteld voor het stellen van de diagnose coeliakie bij kinderen (Wessels et al. 2012). De te volgen procedure voor kinderen met symptomen die passen bij coeliakie verschilt van de procedure bij kinderen zonder die symptomen.

Wanneer deze symptomen aanwezig zijn wordt de volgende procedure gevolgd:

- Het kind gebruikt een normale glutenbevattende voeding.
- In het bloed wordt serum IgA-TG2A en totaal IgA bepaald:
- Als TG2A negatief is bij een normale IgA-concentratie, dan is het onwaarschijnlijk dat het kind coeliakie heeft.
- Als de TG2A-spiegel meer dan 10 keer de bovengrens van normaal is, is de kans op coeliakie groot. Dan kan de vermoedelijke diagnose door middel van verder bloedonderzoek (EMA en HLA-typering) worden vastgesteld. Wanneer de TG2A-spiegel verhoogd blijft, EMA positief is en het kind ook nog drager is van of DQ2 of DQ8, dan staat coeliakie vast en kan worden gestart met een glutenvrij dieet. Een darmbiopsie is dan niet nodig.
- Wanneer de TG2A-spiegel minder hoog is dan hiervoor beschreven blijft een dunnedarmbiopsie wel noodzakelijk voor het stellen van de diagnose.

Wanneer de symptomen passend bij coeliakie niet aanwezig zijn, maar het kind heeft wel een verhoogd risico op het ontwikkelen van coeliakie (bijvoorbeeld wanneer er sprake is van diabetes mellitus type 1, het syndroom van Down of coeliakie bij eerstegraadsfamilieleden), moet wel altijd een dunnedarmbiopt genomen worden om coeliakie te bewijzen of uit te sluiten (Wessels et al. 2012).

In de kinderkliniek van Triëst is tussen 2010 en eind 2014 een prospectieve studie gedaan naar de praktijk van de nieuwe richtlijnen. Van de 468 kinderen (tot 18 jaar) die in deze periode werden gediagnosticeerd met coeliakie, kon deze diagnose voor 51 kinderen (11 %) gesteld worden zonder biopsie. Dit is een minder groot aantal dan verwacht. De verklaring hiervoor is dat men de richtlijnen zeer strikt heeft toegepast door alleen naar een aantal symptomen van coeliakie (diarree, achterblijvende groei, gewichtsverlies en/of bloedarmoede) te kijken. Wanneer de onderzoekers andere symptomen niet buiten beschouwing hadden gelaten, had men voor 165 kinderen (35,2 %) een biopsie achterwege kunnen laten. De meeste kinderen bij wie de diagnose zonder biopsie kon worden gesteld waren jonger dan 5 jaar, de grootste groep zelfs jonger dan 2 jaar. Alleen gekeken naar deze zeer jonge kinderen zou in 37 % van de gevallen een biopsie niet meer nodig zijn (Benelli et al. 2016).

1.7 Dieettherapie

De behandeling van coeliakie bestaat tot nu toe uit een glutenvrij dieet, dat levenslang moet worden gevolgd. Deze behandeling dateert uit 1950 en het doel van het dieet is het herstel van de darmvlokken, het normaliseren van de serologie en het verdwijnen van de klachten.

De vlokatrofie kan secundaire lactosemalabsorptie veroorzaken, maar een lactosebeperkt dieet is in de beginfase van het glutenvrije dieet bij kinderen nooit en bij volwassenen zelden nodig. Bij aanhoudende klachten wordt zo nodig gekeken naar een mogelijke lactose-intolerantie. Een enkele keer is aanvulling van vitamines en mineralen, zoals ijzer, nodig om deficiënties snel op te heffen.

1.7.1 Dieetkenmerken

Bij het glutenvrije dieet moeten tarwe, rogge, gerst, spelt, kamut en alle producten die hiervan gemaakt zijn, worden vermeden. Brood, gebak, koekjes, pasta enzovoort mogen niet meer worden gegeten. Daarnaast zijn er veel 'verborgen' bronnen van gluten. Er kan bijvoorbeeld gluten voorkomen in cornflakes, vleeswaren, voorverpakte geraspte kaas, snoep, bouillonblokjes, bouillonpoeder, tomatenketchup en mayonaise. In kader 2 staan producten en bindmiddelen die geen gluten bevatten.

Kader 2. Glutenvrije producten en bindmiddelen

- aardappel
- agar-agar
- amaranth
- arrowroot
- boekweit
- cassave
- gelatine
- gierst
- guarpitmeel
- johannesbroodpitmeel
- maïs
- quinoa
- rijst
- soja
- sorghum
- tapioca
- teff
- xanthaangom

Quinoa en amaranth (ook wel kiwicha genoemd) groeien in Peru en Bolivia. De Inca's verbouwden deze planten al. Teff groeit onder andere in Afghanistan en Ethiopië. Het is een grassoort die na de bloei kleine zaadjes geeft. Uit onderzoek is gebleken dat teff geen toxische reactie veroorzaakt bij mensen met coeliakie (Spaenij-Dekking et al. 2005). In een andere studie is onder de leden van de Nederlandse Coeliakie Vereniging onderzocht of de consumptie van teff klachten geeft. Hieruit bleek dat het merendeel van de gebruikers zonder problemen teff kan gebruiken in het glutenvrije dieet, maar dat een klein percentage toch klachten krijgt (Hopman et al. 2008). Sorghum wordt onder andere in de Verenigde Staten verbouwd; het is een glutenvrij familielid van tarwe. Hoewel de genoemde granen van nature glutenvrij zijn, moeten patiënten er rekening mee houden dat er contaminatie met gluten kan optreden.

Haver komt in het rijtje van toxische granen niet meer voor. Volgens de Europese verordening (EC) no. 41/2009 is het mogelijk haver als glutenvrij aan te duiden, maar voorzichtigheid blijft geboden. Haver is lange tijd een grensgeval geweest en er bestond veel onduidelijkheid over de toxiciteit voor coeliakiepatiënten. De (vermeende) toxiciteit blijkt echter in een groot aantal gevallen toegeschreven te kunnen worden aan tijdens de productie of het vervoer opgetreden contaminatie met granen die wel toxisch zijn. Het is in ieder geval, juist vanwege dit contaminatiegevaar, raadzaam alleen haverproducten te gebruiken als gegarandeerd kan worden dat die niet met gluten gecontamineerd zijn. In de praktijk betekent dit dat de haver speciaal voor dit doel gekweekt en bewerkt moet zijn.

1.7.1.1 Contaminatie

Een product met van nature glutenvrije ingrediënten kan onbedoeld toch gluten bevatten door contaminatie van het glutenvrije product met glutenbevattende granen. Dit kan gebeuren tijdens opslag, verwerking en distributie van producten. Dit wordt meestal niet op het etiket vermeld, hoewel sommige fabrikanten dit wel doen om patiënten te waarschuwen. Dit heeft echter ook tot gevolg dat steeds minder producten geschikt zijn voor mensen met coeliakie. De diëtist dient de coeliakiepatiënt hierop te wijzen.

Ook in de thuissituatie kan contaminatie optreden. Om dit te voorkomen heeft de coeliakiepatiënt een eigen broodplank, botervloot en (smeer)beleg nodig. Het is noodzakelijk dat er ook een apart bakblik voor het bakken van glutenvrij brood en glutenvrije cake en een apart broodrooster worden aangeschaft. Ook de volgorde van bereiding van maaltijden is van belang: ter voorkoming van contaminatie met tarwebloem moeten glutenvrije pannenkoeken bijvoorbeeld voorafgaand aan de 'gewone' pannenkoeken worden gebakken.

1.7.1.2 Productinformatie

Gluten kan ook 'verborgen' voorkomen in verschillende producten. Enkele producten die vaak vragen oproepen in verband met het glutenvrije dieet zijn bier, cornflakes en vleeswaren. In bier en cornflakes wordt mout gebruikt. Dat wordt gemaakt door gerste- of tarwekorrels te laten kiemen en daarna te drogen. Een deel van het gluten wordt tijdens dit proces afgebroken en een deel blijft achter. Mout, moutaroma en moutextract kunnen daarom een kleine hoeveelheid gluten bevatten. Het drinken van bier en het nuttigen van producten met mout, moutaroma en moutextract wordt daarom ontraden, ondanks het feit dat sommige patiënten geen klachten ondervinden.

Personen met coeliakie kunnen kant-en-klaar brood kopen of dit zelf bakken. Glutenvrij brood van een bakker die dit zelf bakt, is vrijwel onvermijdelijk gecontamineerd met gluten. Er is ook kant-en-klaar vacuümverpakt of diepgevroren glutenvrij brood te koop, ook in de vorm van broodjes. Zelfgebakken brood smaakt over het algemeen beter dan voorverpakt brood en er zijn meer variatiemogelijkheden door het toevoegen van zaden, noten, rozijnen en krenten. Bovendien is zelfgebakken brood vaak goedkoper dan voorverpakt brood. Brood kan worden gebakken in de oven of in een broodbakmachine.

Medicijnen, lijm en knutselmaterialen kunnen ook gluten bevatten. Bij apotheek of fabrikant kan worden nagevraagd of medicijnen glutenvrij zijn. De Nederlandse Coeliakie Vereniging heeft informatie over glutenvrije knutselmaterialen.

1.7.2 Wetgeving en het etiket

Glutenvrije producten worden onderscheiden in twee groepen:

- van nature glutenvrije producten: groenten en fruit, maïsmeel, rijstmeel en aardappelmeel zijn van nature glutenvrij;
- glutenvrije dieetproducten op basis van glutenvrij gemaakt meel.

Glutenvrije dieetproducten op basis van glutenvrij gemaakt meel kunnen tarwezetmeel bevatten. Dit tarwezetmeel bevat nog een minimale hoeveelheid gluten, die onder de normen van de Codex Alimentarius (Comité Nutrition and Food for Special Dietary Uses) en de EU-verordening (EC) no. 41/2009 ligt. Wanneer het gehalte aan gluten minder dan 100 mg/kg bedraagt, mag dit product aangeduid worden als 'product met een zeer laag glutengehalte'. Uit uitgebreid literatuuronderzoek van Wageningen UR komt naar voren dat deze term eigenlijk zou moeten verdwijnen. Het is zo dat producten met een dergelijk aantal gluten schadelijk zijn voor vrijwel iedere coeliakiepatiënt. De aanduiding 'met een zeer laag glutengehalte' is daarmee misleidend en een loze claim (Bruins-Slot et al. 2015).

Wanneer het glutengehalte beneden de grens van 20 mg/kg ligt, mag een product als 'glutenvrij' worden aangeduid. (Tot juli 2008 lag de grenswaarde op 200 mg gluten per kg product.) Ook hierbij stellen onderzoekers van Wageningen UR dat de drempel van het toelaatbare glutengehalte verlaagd moet worden naar 3 ppm om veilig te zijn voor alle coeliakiepatiënten. Met de huidige stand van 'detecteerbaarheid van gluten' is dit momenteel de laagst mogelijke hoeveelheid gluten. Wanneer een patiënt het dieet goed volgt krijgt hij gemiddeld 6–12 mg gluten per dag binnen. Voor de meeste patiënten is dit goed verdraagbaar; voor sommige patiënten is 10 mg per dag echter te veel. Bij deze groep mensen kan deze hoeveelheid gluten het herstel van de darmen verhinderen of schaden (Bruins-Slot et al. 2015).

De meeste mensen kunnen dieetproducten op basis van glutenvrij gemaakt tarwezetmeel met een glutengehalte van minder dan 100 mg/kg goed verdragen, maar voor sommigen blijkt het glutengehalte toch te hoog te zijn. Zij krijgen klachten na het eten van deze producten en kunnen beter kiezen voor producten die als 'glutenvrij' aangeduid zijn; dat kunnen producten met of zonder tarwezetmeel zijn, maar in alle gevallen is de grens dan 20 mg/kg. Overigens kan bij een product dat als 'glutenvrij' aangeduid wordt, toch gluten in de ingrediëntenlijst staan. Het is namelijk mogelijk dat door een bijzondere bewerking het glutengehalte lager dan 20 mg/kg is en dan mag een dergelijk product 'glutenvrij' genoemd worden.

Tarwezetmeel dat voorkomt in reguliere, niet speciaal voor het glutenvrije dieet bedoelde producten, wordt niet gecontroleerd op gluten en het eindproduct kan te veel gluten bevatten. Sinds 2000 zijn fabrikanten verplicht op het etiket te specificeren of het gebruikte (gemodificeerd) zetmeel afkomstig is van een glutenbevattend graan. Er staat dan bijvoorbeeld 'tarwezetmeel' of 'gemodificeerd tarwezetmeel' op het etiket. Heeft de fabrikant maïs- of rijstzetmeel gebruikt, dus zetmeel afkomstig van glutenvrije granen, dan is de aanduiding 'zetmeel' of 'gemodificeerd zetmeel' voldoende.

Sinds december 2014 wordt een aantal allergenen op het etiket in een duidelijk afwijkend lettertype vermeld. Het is daardoor duidelijk te herkennen of een product tarwe en/of een van de andere glutenbevattende granen bevat.

Haver mag als glutenvrij aangeduid worden, mits (op het etiket) de garantie gegeven wordt dat de glutenverontreiniging met tarwe, rogge en gerst minder dan 20 mg/kg is. Ditzelfde geldt voor de van nature glutenvrije graansoorten boekweit, maïs en rijst. In Nederland zijn haverproducten echter meestal gecontamineerd met gluten. Sinds 2006 is de Nederlandse Coeliakie Vereniging in samenwerking met Plant Research International in Wageningen betrokken bij het opzetten van een glutenvrije haverketen in Nederland. In Finland en Zweden wordt niet-gecontamineerde haver al jarenlang zonder bezwaar geconsumeerd. Er zijn echter enkele publicaties waaruit is gebleken dat een kleine groep mensen met coeliakie klachten krijgt van de consumptie van haver (Arentz-Hansen et al. 2004). Het wordt uiteindelijk aan de nationale overheden overgelaten hoe haver wordt gedefinieerd.

Sinds 2004 is een nieuwe etiketteringswetgeving van kracht. Dit betekent dat twaalf en sinds 2008 zelfs veertien allergenen die bekend zijn vanwege hun relatie met voedselovergevoeligheid, verplicht op het etiket vermeld moeten worden wanneer ze in een product voorkomen, ongeacht de aanwezige hoeveelheid. Hieronder vallen de glutenbevattende granen tarwe, rogge, gerst, spelt en kamut en producten op basis van deze granen. Uitzonderingen op deze verplichte etiketteringswetgeving vormen de volgende ingrediënten: glucosestroop op basis van tarwe (incl. dextrose), maltodextrinen op basis van tarwe, glucosestroop op basis van gerst, en granen gebruikt voor de vervaardiging van destillaten of ethylalcohol uit landbouwproducten voor sterke drank en andere alcoholhoudende dranken. Uit wetenschappelijk onderzoek is gebleken dat de toevoeging van deze ingrediënten aan producten geen reacties geeft bij mensen met coeliakie. De European Food Safety Authority (EFSA) heeft dit in een beoordelingsrapport bevestigd. De genoemde stoffen zijn dan ook vrijgesteld van etikettering.

Het is van belang de patiënt te informeren over de keuzemogelijkheden tussen glutenvrije dieetproducten en normale producten. Bij normale producten uit de supermarkt moet wel extra aandacht worden besteed aan het lezen en interpreteren van de etiketten. Uitleg dient te worden gegeven over het gebruik van de *Vrije merkartikelenlijst* van het Voedingscentrum (2008) en het gebruik van een digitale lijst van producten, die te vinden is op www.livaad.nl.

1.7.3 Tekort aan voedingsstoffen

Doordat in het glutenvrije dieet graanproducten, zoals tarwebrood, ontbreken, is er een kans op tekorten aan vitamine B1 (thiamine), foliumzuur, ijzer en voedingsvezels. Dit is op te lossen door het gebruik van vezelrijke producten, zoals maïskorrels, maïsvlokken of maïszemelen, glutenvrij boekweitmeel, zilvervliesrijst, peulvruchten en gedroogde en geweekte zuidvruchten. Als de patiënt zelf brood bakt, kan hij hier lijnzaad, sesamzaad, fruitvezels of bietenvezels aan toevoegen. Ook niet-gecontamineerde haver kan gebruikt worden om het vezelgehalte van de voeding te verhogen. Door het gebruik van deze producten neemt niet alleen de hoeveelheid vezels toe, maar ook de inname van ijzer en vitamine B1.

Bij mensen met osteoporose en degenen die een (tijdelijke) lactosebeperking hebben, is tevens extra aandacht voor de hoeveelheden calcium en vitamine D in de voeding van belang. Calciumsuppletie van 1 gram per dag is aanbevolen als de orale inname onvoldoende is, in geval van malabsorptie en als er lage serumwaarden worden gevonden.

Sinds 1968 zijn bakkers in Nederland verplicht brood te bakken met broodzout dat 70 à 85 mg jodium per kg bevat, omdat de Nederlandse voeding anders te weinig jodium bevat. In oktober 2008 hebben de Nederlandse Vereniging voor de Bakkerij (NVB), de Nederlandse Brood- en Banketbakkers Ondernemers Vereniging (NBOV) en het ministerie van VWS afgesproken broodzout te vervangen door bakkerszout dat 50 à 65 mg jodium per kg zout bevat. Bakkerszout kan worden toegepast in alle bakkerijproducten, waardoor het gebruik voor de bakker eenvoudiger wordt en de consument via meer verschillende producten jodium binnenkrijgt. Bij het zelf bakken van glutenvrij brood moet daarom gejodeerd zout worden gebruikt. Verder is het aan te raden regelmatig zeevis te eten, aangezien die rijk is aan jodium.

Een onderzoek onder Nederlands jongeren die lid zijn van de Nederlandse Coeliakie Vereniging laat zien dat de dieettrouw hoog is, maar dat de inname van voedingsvezels en ijzer laag is en die van verzadigd vet hoog. Dit is echter niet het gevolg van het dieet, want de resultaten komen overeen met die van leeftijdsgenoten in de algemene populatie (Hopman et al. 2006).

1.7.4 Dieetkostenvergoeding

Het volgen van een glutenvrij dieet heeft behalve sociale ook financiële gevolgen. De extra kosten die het dieet meebrengt, worden door de meeste zorgverzekeraars niet vergoed. Wel bestaat de mogelijkheid de kosten van het glutenvrije dieet af te trekken van de belasting. Het gaat hierbij (in 2016) om 900 euro voor het glutenvrije dieet en 1.050 euro voor het glutenvrije dieet in combinatie met het lactosebeperkte dieet. Om voor belastingaftrek in aanmerking te komen moeten de totale ziektekosten wel boven een zogeheten drempelbedrag uitkomen. Actuele informatie is te vinden op www.belastingdienst.nl.

Voor mensen met een minimuminkomen of een bijstandsuitkering bestaat tevens de mogelijkheid om bij de sociale dienst in de gemeente een beroep te doen op de Wet bijzondere bijstand. Het verschilt per gemeente of mensen de kosten vergoed krijgen en zo ja, hoe hoog deze vergoeding is (hoofdstuk 'Dieetkosten').

1.8 Rol van de diëtist

De diëtist begeleidt en motiveert de patiënt bij het volgen van het dieet, geeft uitleg over het dieet en bespreekt welke voedingsmiddelen wel en niet passen in het voorschrift. De diëtist beoordeelt regelmatig of de voeding volwaardig is of geeft adviezen om een volwaardig voedingspatroon te bereiken, zeker bij kinderen aangezien bij hen het eetpatroon in de loop van de tijd sterk kan veranderen. Verder leert de diëtist de patiënt hoe een etiket moet worden gelezen en wijst erop dat de ingrediëntendeclaratie niet altijd voldoende informatie geeft. De diëtist informeert de patiënt over het risico van contaminatie en het verschil tussen van nature glutenvrije producten en dieetproducten die glutenvrij gemaakt zijn. Verder geeft de diëtist informatie over de verkrijgbaarheid van glutenvrije dieetproducten en praktische tips bij het toepassen van het glutenvrije dieet in verschillende situaties (thuis, werk, uit eten, school, vakantie, ziekenhuisopname enzovoort).

Het is voor (ouders van) coeliakiepatiënten ook belangrijk om meer informatie te krijgen over de sociale gevolgen van het glutenvrije dieet. De diëtist kan de ouders informeren over het belang van een eigen snoeptrommel in de klas voor traktaties en over het meenemen van eigen etenswaren naar bijvoorbeeld verjaarspartijtjes.

Tot slot wijst de diëtist op het bestaan van de Nederlandse Coeliakie Vereniging (www.glutenvrij.nl).

Regelmatige controle door de diëtist is nodig, met name bij aanvang van het dieet. De frequentie van de consulten is afhankelijk van de hulpvraag en kennis van de patiënt en van de klachten en eventuele complicaties die de patiënt heeft. Als richtlijn wordt aangehouden drie tot vijf consulten in de eerste zes tot negen maanden na de diagnose. Op de lange termijn is één consult per anderhalf tot twee jaar aanbevolen (Artsenwijzer diëtetiek 2009; Bastiani 2009; CBO-richtlijn 2008).

1.9 Besluit

Het glutenvrije dieet is tot nu toe de enige wetenschappelijk onderbouwde behandeling voor deze auto-immuunziekte en het moet levenslang gevolgd worden. Begeleiding van mensen met coeliakie vereist specialistische kennis over het glutenvrije dieet. De diëtist heeft dan ook een belangrijke rol bij de behandeling van coeliakie. Het Diëtisten Info Netwerk Coeliakie (DINC) is een landelijk diëtistennetwerk dat de specialistische kennis over coeliakie en het glutenvrije dieet bundelt en voor diëtisten toegankelijk maakt.

Artsen hebben tegenwoordig een veel beter beeld van coeliakie dan vroeger. Toch blijven er vele vraagstukken die om nader onderzoek vragen, zoals de genetische factoren waardoor iemand een aanleg voor coeliakie krijgt, de omgevingsfactoren die de reactie op gang brengen (de trigger) en een mogelijk geneesmiddel. Ondanks regelmatig terugkerende berichten in de media is er op geen van deze gebieden een snelle doorbraak te verwachten.

Literatuur

Arentz-Hansen, H., Fleckenstein, B., Molberg, Ø., Scott, H., Koning, F., Jung, G., et al. (2004). The molecular basis for oat intolerance in patients with celiac disease. *PLoS Med, 1*(1), e1.

Artsenwijzer diëtetiek. www.artsenwijzer.info.

Coeliakie, Bastiani W. (2009). In: *Handboek Dieetbehandelingsrichtlijnen*. Maarssen: Elsevier gezondheidszorg.

Benelli, E., Carrato, V., Martelossi, S., et al. (2016). Coeliac disease in the era of the new ESPGHAN and BSPGHAN guidelines: A prospective cohort study. *Archives of Disease in Childhood, 101*, 172–173. doi: 10.1136/archdischild-2015-309259B.

Bruins Slot, I. D.,Bremer, M. G. E. G., Hamer, R. J., & Fels-Klerx, H. J. van der. (2015). Part of celiac population still at risk despite current gluten thresholds. *Trends in Food Science & Technology*. doi: 10.1016/j.tifs.2015.02.011.

CBO-richtlijn Coeliakie en Dermatitis Herpetiformis. (2008). Haarlem: Nederlandse Vereniging van Maag-Darm-Leverartsen. (www.cbo.nl.)

Csizmadia, C. G. D. S., Mearin, M. L., Blomberg, B. M. E. von, et al. (1999). An iceberg of childhood coeliac disease in the Netherlands. *The Lancet, 353*, 813–814.

Dicke, W. K. (1993). Coeliakie. *Een onderzoek naar de nadelige invloed van sommige graansoorten op de lijder aan coeliakie.* 4e dr. Proefschrift. Utrecht: Rijksuniversiteit Utrecht.

George, E. K., Mearin, M. L., Kanhai, S. H. M., et al. (1998). Twintig jaar coeliakie bij kinderen in Nederland: meer diagnosen en een veranderde verschijningsvorm. *Nederlands Tijdschrift voor Geneeskunde, 142*, 850–854.

Hopman, E. G., Cessie, S. le, Blomberg, B. M. von, & Mearin, M. L. (2006). Nutritional management of the gluten-free diet in young people with celiac disease in The Netherlands. *Journal of Physics G: Nuclear*, *43*(1), 102–108.

Hopman, E., Dekking, L., Blokland, M. L., Wuisman, M., Zuijderduin, W., Koning, F., & Schweizer, J. (2008). Tef in the diet of celiac patients in The Netherlands. *Scandinavian Journal of Gastroenterology. Supplement, 43*(3), 277–282.

Khatib, M., Baker, R. D., Ly, E. K., Kozielski, R., & Baker, S. S. (2016). Presenting Pattern of Pediatric Celiac Disease. *Journal of Physics G: Nuclear, 62*, 60–63. doi:10.1097/MPG.0000000000000887.

Mårild, K., Kahrs, C. R., Tapia, G., Stene, L. C., & Størdal, K. (2015). Infections and risk of celiac disease in childhood: a prospective nationwide cohort study. *American Journal of Gastroenterology, 110*, 1475–1484. doi: 10.1038/ajg.2015.287.

Mearin, M. L., Kneepkens, C. M. F., & Houwen, R. H. J. (1999). Diagnostiek van coeliakie bij kinderen; richtlijnen van kindergastro-enterologen. *Nederlands Tijdschrift voor Geneeskunde, 143*, 451–455.

Mearin, M. L. (2004). Kinderen met coeliakie. *Tijdschrift voor Kindergeneeskunde, 72*(1), 1–6.

Schweizer, J. J. (2004). Coeliakie en kanker. *Tijdschrift voor Kindergeneeskunde, 72*(1), 31–35.

Sollid, L. M., Markussen, G., Ek J., et al. (1989). Evidence for a primary association of celiac disease to a particular HLA-DQ alpha/beta heterodimer. *Journal of Experimental Medicine, 169*, 345–350.

Spaenij-Dekking, L., Kooy-Winkelaar, Y., & Koning, F. (2005). The Ethiopean cereal tef in celiac disease. *New England Journal of Medicine, 353*(16), 1748–1749.

Spijkerman, M., et al.(2016). A large variety of clinical features and concomitant disorders in celiac disease – A cohort study in the Netherlands. *Digestive and Liver Disease*, http://dx.doi.org/10.1016/j.dld.2016.01.006.

Szajewska, H., Shamir, R., Mearin, M. L., et al. (2016). Gluten Introduction and The Risk of Coeliac Disease. A position paper by the European society for paediatric gastroenterology, hepatology & nutrition. *Journal of Physics G: Nuclear*, *62*(3), 507–513. doi: 10.1097/MPG.0000000000001105.

Vrije merkartikelenlijst. (2008). Den Haag: Voedingscentrum.

Wessels, M. M. S., Kneepkens, C. M. F., Houwen, R. H. J., & Mearin, M. L. (2012). De nieuwe ESPGHAN-richtlijnen voor coeliakie bij kinderen. *Nieuwsbrief Nederlandse vereniging voor kindergeneeskunde*.

Websites

www.dinc-online.nl
www.glutenvrij.nl

Hoofdstuk 2
Diabetes mellitus bij volwassenen

Augustus 2016

E.R.G. Kuipers

Samenvatting Diabetes mellitus is de benaming van ziektebeelden die een verhoging van het bloedglucosegehalte als gemeenschappelijk kenmerk hebben. Complicaties van diabetes mellitus kunnen de kwaliteit van leven van de patiënt nadelig beïnvloeden. In dit hoofdstuk wordt de lezer geïnformeerd over het ziektebeeld diabetes mellitus en de behandelmogelijkheden, in het bijzonder de voedingstherapie. Om het ontstaan van diabetescomplicaties te voorkomen, uit te stellen of de progressie af te remmen is een adequate behandeling van de diabetes van belang. De behandeling omvat leefstijladviezen, waaronder voedingsadviezen en medicatie. In dit hoofdstuk wordt duidelijk waaraan een optimale voeding voor diabetespatiënten volgens de huidige inzichten moet voldoen. Naar middelen en mogelijkheden om de behandeling verder te optimaliseren, diabetes te genezen of voorkomen, is veel onderzoek gaande.

2.1 Inleiding

De oorzaak van diabetes mellitus (DM) ligt in een absoluut of relatief tekort aan het hormoon insuline. Insuline wordt geproduceerd in de bètacellen van de pancreas en is het enige hormoon dat normaliter in staat is het bloedglucosegehalte te verlagen. Op de langere termijn kunnen bij diabetes mellitus complicaties optreden. Diabetische retinopathie is in de westerse wereld de belangrijkste oorzaak van blindheid en slechtziendheid tussen het 20^{e} en 74^{e} levensjaar. Amputatie van een deel van een been is bij DM-patiënten circa vijftien keer zo vaak nodig als bij personen zonder diabetes mellitus. Van alle personen die een nierfunctievervangende behandeling krijgen heeft ruim 10 % diabetes mellitus. Het risico van zogeheten macrovasculaire aandoeningen is vooral bij diabetes type 2 sterk verhoogd.

E.R.G. Kuipers (✉)
Diëtistenpraktijk Elise Kuipers te Amsterdam, Amsterdam, The Netherlands

M. Former, G. van Asseldonk, J. Drenth, J. van Duinen (Red.), *Informatorium voor Voeding en Diëtetiek*, DOI 10.1007/978-90-368-1259-7_2

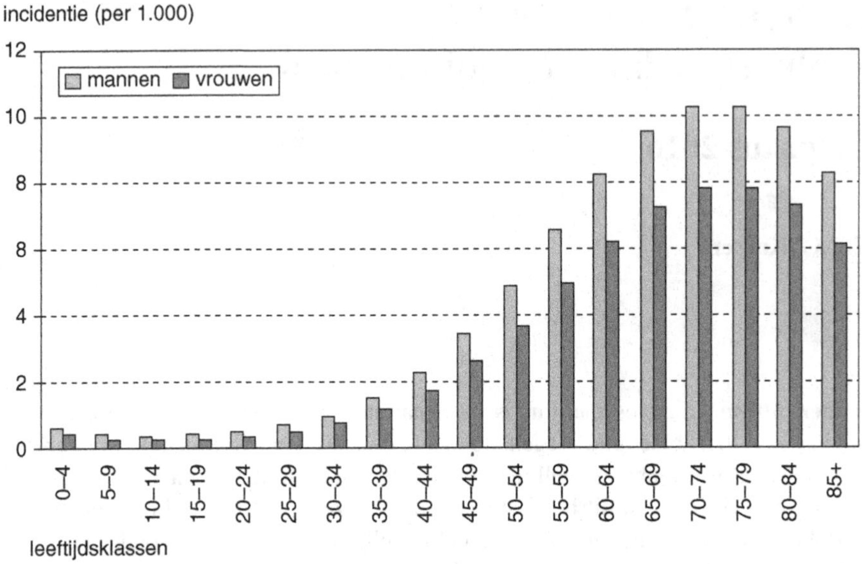

Figuur 2.1 Incidentie van diabetes in 2011, naar leeftijd en geslacht. (Bron: LINH)

Dit betreft in het bijzonder atherosclerotische afwijkingen in de arteriën die onder andere angina pectoris en een hartinfarct, maar ook een cerebrovasculair accident en claudicatio intermittens kunnen veroorzaken. Bovendien is bij diabetes de kans op het ontstaan van cataract, huid- en bindweefselproblemen, endocriene stoornissen, infecties en psychologische en psychiatrische stoornissen verhoogd.

De behandeling van diabetes is gericht op het normaliseren van glucosewaarden, bloeddruk en lipidenspiegels. Hierdoor worden complicaties voorkomen, uitgesteld of de progressie wordt afgeremd. Leefstijladviezen en medicatie worden voorgeschreven om deze behandeldoelen te bereiken. Van de leefstijladviezen vormen voedingsadviezen een belangrijk onderdeel. Helaas komen ondanks de huidige behandelmogelijkheden diabetescomplicaties nog vaak voor. Veel onderzoek is gaande naar middelen en mogelijkheden waarmee het risico van complicaties verder kan worden teruggedrongen.

2.2 Pathofysiologie

Diabetes mellitus is een zeer veelvoorkomende endocriene ziekte. In 2011 werd in Nederland het aantal mensen bij wie diabetes is gediagnosticeerd, geschat op ruim 800.000 (fig. 2.1). Circa 90 % van hen heeft diabetes type 2 en circa 10 % diabetes type 1 (RIVM 2014).

Tabel 2.1 Metabole effecten van insuline. (Bron: Tack et al. 2012)

orgaan	metabool effect	
lever	glycogeensynthese +	glycogenolyse –
	glycolyse +	gluconeogenese –
	eiwitsynthese +	ketogenese –
	triglyceridensynthese +	
spieren	glucoseopname +	eiwitafbraak –
	glycogeensynthese +	aminozuurafgifte –
	opname aminozuren +	eiwitsynthese +
	glycolyse +	
vetweefsel	glucoseopname +	lipolyse –
	glycerolsynthese +	
	lipoproteïne-lipaseactiviteit +	
	triglyceridensynthese +	
nieren	glycolyse +	gluconeogenese –

+ = stimulerend effect; – = remmend effect.

Door de toegenomen welvaart, het groeiende probleem van obesitas en het stijgend aantal ouderen zal het percentage diabetespatiënten in de toekomst nog verder toenemen. Door obesitas zal vaker reeds op tiener- en puberleeftijd diabetes type 2 ontstaan. Hoewel de prevalentie van diabetes type 1 met het stijgen van de leeftijd toeneemt, neemt het aandeel ervan op het totale aantal mensen met diabetes af.

Insuline is bij uitstek het hormoon voor de opslag van energie. Enkele andere hormonen hebben juist een tegenovergestelde werking, zoals glucagon, adrenaline, noradrenaline, groeihormoon en cortisol. De metabole effecten van insuline staan in tab. 2.1.

Een absoluut of relatief tekort aan insuline kan niet anders dan verstrekkende gevolgen voor de stofwisseling hebben. Een verhoogd bloedglucosegehalte is daarvan het meest bekend, maar ook de effecten op de vet- en eiwithuishouding zijn aanzienlijk. Bij een absoluut insulinetekort, zoals bij diabetes type 1, zal de patiënt ernstig vermageren en verzwakken doordat de afbraak van weefsels niet wordt geremd en ook niet wordt gecompenseerd. Uiteindelijk zal een ketoacidose optreden die, indien niet behandeld, coma en de dood tot gevolg heeft. Bij een relatief insulinetekort gaan de gevolgen in de richting van die van het absoluut insulinetekort wanneer de bètaceldisfunctie overheerst.

Het gevaar van ketoacidose is bij diabetes type 1 aanwezig, maar bij type 2 uiterst gering (zie de effecten van insuline op vetweefsel in tab. 2.1). Verondersteld wordt dat de vetcel nog voldoende gevoelig is voor de aanwezige insuline, waardoor de lipolyse geremd blijft. Daarnaast zijn de plasma-insulinespiegels, met name in de lever, voldoende om het ontstaan van een ketoacidose te voorkomen. Overheerst de insulineresistentie, dan zal vermagering niet zozeer aan de orde zijn. Wel is het bloedglucosegehalte verhoogd door enerzijds een verhoogde glucoseafgifte door de lever en anderzijds een relatief afgenomen glucoseopname door vooral spierweefsel.

Vaak zijn er ook stoornissen uit het metabool syndroom. Het metabool syndroom (of insulineresistentiesyndroom of syndroom X) is een chronisch stofwisselingsprobleem dat gekenmerkt wordt door de combinatie van gestoorde bloedglucosewaarden, hoge bloeddruk, vergrote buikomvang, atherogene dislipidemie (laag HDL-cholesterolgehalte en hoog triglyceridengehalte) en stoornissen in de bloedstolling (protrombotische toestand). De aandoening kan op lange termijn leiden tot onder meer cardiovasculaire aandoeningen en diabetes type 2, en mogelijk sommige vormen van kanker. Vermoedelijk veroorzaken hoge vrijevetzuurspiegels in het bloed insulineresistentie, die door hyperinsulinemie wordt gecompenseerd. De hoge insulinespiegels veroorzaken waarschijnlijk de andere stoornissen (Tack et al. 2012).

2.3 Typen diabetes mellitus

In de NHG-Standaard Diabetes mellitus type 2 (2013) gaat men uit van de volgende grenswaarden voor het stellen van de diagnose diabetes mellitus (Rutten et al. 2013):

- 2 nuchtere plasmaglucosewaarden ≥7,0 mmol/l op twee verschillende dagen; of
- nuchtere plasmaglucosewaarde ≥7,0 mmol/l of willekeurig gemeten plasmaglucosewaarde ≥11,0 mmol/l in combinatie met hyperglykemische klachten.

2.3.1 Classificatie van diabetes mellitus

Er worden vier typen diabetes onderscheiden (Tack et al. 2012):

1. *Diabetes mellitus type 1*: gekarakteriseerd door bètaceldestructie, hetgeen leidt tot een absoluut insulinetekort.
2. *Diabetes mellitus type 2*: gekarakteriseerd door insulineresistentie en een relatief insulinetekort.
3. *Overige vormen van diabetes*: andere specifieke vormen van diabetes die gerelateerd zijn aan ziekten van de exocriene pancreas, onder andere Latent Autoimmune Diabetes of the Adult (LADA), Maturity Onset Diabetes of the Young (MODY), endocrinopathie, geneesmiddelen of chemicaliën.
4. *Zwangerschapsdiabetes*: dit ontstaat tijdens de zwangerschap als gevolg van een tekortschietende insulineproductie ten opzichte van de toegenomen insulineresistentie die in deze omstandigheden normaal is. Deze vorm van diabetes verdwijnt (meestal) na de bevalling. Wel lopen vrouwen die zwangerschapsdiabetes hebben gehad een grotere kans om alsnog diabetes type 2 te ontwikkelen (zie ook hoofdstuk 'Diabetes en zwangerschap').

2.3.2 Diabetes mellitus type 1

Diabetes mellitus type 1 ontstaat in de meerderheid van de gevallen voor het 20e levensjaar. Bij deze vorm van diabetes mellitus is de eigen insulineproductie geheel of bijna geheel afwezig. Dit absolute tekort veroorzaakt een aantal kenmerkende symptomen, zoals hyperglykemie, polyurie (veel plassen), dorst, vermagering, vermoeidheid en ketoacidose. Door het insulinetekort zal in het bijzonder de aanmaak van glucose door de lever toenemen. De bloedglucosewaarde overschrijdt de nierdrempel, zodat glucose in de urine terechtkomt, met als gevolg een zeer grote urineproductie en uiteindelijk een onlesbare dorst.

Insuline heeft onder fysiologische omstandigheden een remmende invloed op de eiwitafbraak en op de lipolyse in vetcellen. Door de zeer lage insulinespiegel worden de eiwitafbraak en de lipolyse niet voldoende geremd. Dit veroorzaakt bij onbehandelde diabetes type 1 een aanzienlijke afgifte van vrije vetzuren. Vrije vetzuren kunnen in de lever niet via de normale route van de bètaoxidatie worden afgebroken. Bij zeer lage insulinespiegels, met als gevolg hoge vrijevetzuurwaarden in het serum in combinatie met hoge glucagonspiegels, worden vrije vetzuren opgenomen in de levermitochondriën. Het aanbod aan vrije vetzuren is zo groot dat zowel de weg van volledige bètaoxidatie als de ketogenese worden gestimuleerd. Deze stoornis in de vetzuurverbranding leidt tot een sterke toename van ketonlichamen in het bloed en in de urine en zelfs in de uitademingslucht, die hierdoor een acetongeur krijgt. Deze situatie wordt ketoacidose genoemd. Door daling van de bloeddruk als gevolg van uitdroging en daling van de pH kan de patiënt comateus worden.

Meestal, maar niet altijd, wordt de diagnose eerder gesteld en krijgt de patient insuline toegediend voordat hij comateus wordt. Tussen het optreden van de symptomen en het stellen van de diagnose verstrijkt een periode van enkele dagen tot enkele weken. Het proces waardoor de bètacellen worden vernietigd is dan al maanden of jaren gaande en circa 70 tot 80 % van de bètacellen is vernietigd. Een auto-immuunproces, waarbij de afweer zich tegen de eigen bètacellen keert, is hiervan de oorzaak. Het vermoeden bestaat dat bij personen die daarvoor een erfelijke aanleg hebben, bepaalde virusinfecties de auto-immuunreactie opwekken. Ook wordt een vroege blootstelling van zuigelingen aan koemelk en aan gluten ervan verdacht auto-immuniteit tegen bètacellen te kunnen opwekken.

2.3.3 Diabetes mellitus type 2

Diabetes mellitus type 2 manifesteert zich meestal na het 40e levensjaar. De prevalentie neemt met de leeftijd toe, gemiddeld 5,05 % bij mannen en 5,0 % bij vrouwen. Cijfers uit Nederlands epidemiologisch onderzoek geven aan dat er 834.100 mensen met diabetes gediagnosticeerd zijn, waarvan 90 % met diabetes type 2.

Ongeveer 25 % blijkt diabetes type 2 te hebben zonder gediagnosticeerd te zijn. In werkelijkheid zouden er dus mogelijk meer dan 1 miljoen mensen met diabetes kunnen rondlopen (RIVM 2011). In 2014 heeft Nivel Zorgregistraties Eerste Lijn ruim 1 miljoen mensen met diabetes type 2 in de huisartsenpraktijk geteld.

2.3.3.1 Oorzaken

Bij het ontstaan van diabetes mellitus type 2 spelen zowel genetische factoren als omgevingsfactoren een rol. Eerstegraadsfamilieleden hebben zelfs 30 tot 40 % kans om de ziekte te ontwikkelen. Omgevingsfactoren die een rol spelen bij de ontwikkeling van diabetes mellitus type 2 zijn een inactieve leefstijl en een te hoge energie-inneming, resulterend in een te hoog lichaamsgewicht. Naast de genoemde leefstijlfactoren kunnen ook bepaalde medicijnen (bijv. prednison) een rol spelen in de etiologie van diabetes mellitus.

In het merendeel van de gevallen van diabetes mellitus type 2 is er sprake van overgewicht. In het bijzonder opslag van visceraal vet wordt geassocieerd met insulineresistentie, hetgeen een van de factoren is die meespelen bij het ontstaan van diabetes. Een toename van vrije vetzuren in de poortader, de opslag van vet in lever- en spierweefsel, en de afgifte van adipocytokinen door de vergrote vetcellen worden als mogelijke oorzaken van insulineresistentie genoemd. De glucosewaarden lopen te hoog op bij insulineresistentie in combinatie met een tekortschieten van de insulineproductie ter compensatie van de sterk verhoogde insulinebehoefte. Daarnaast komt na de snelle glucosestijging na de maaltijd de afgifte van insuline vertraagd op gang, waardoor op die momenten een uitgesproken hyperglykemie ontstaat. Deze hyperglykemie is op haar beurt toxisch voor de bètacellen en kan de insulinegevoeligheid negatief beïnvloeden. Deze resistentie veroorzaakt hyperinsulinemie die vaak gepaard gaat met de andere stoornissen van het metabole syndroom, zoals hypertensie, dislipidemie gekenmerkt door een laag HDL-cholesterolgehalte en een toename van het aantal LDL-partikeltjes, hypertriglyceridemie en hyperglykemie.

Ook vermoedt men dat stollingsstoornissen, een afgenomen fibrinolyse- en een toegenomen trombogeneseactiviteit tot het metabool syndroom moeten worden gerekend. Het zijn risicofactoren voor het ontwikkelen van macrovasculaire complicaties. De symptomen van diabetes mellitus type 2 zijn minder uitgesproken dan die van diabetes mellitus type 1 en worden vaak afgedaan als gewone gevolgen van ouderdom. Hierdoor wordt de diabetes in veel gevallen pas ontdekt wanneer er al sprake is van chronische complicaties, zoals retinopathie (Tack et al. 2012).

2.4 Complicaties

De complicaties bij diabetes zijn onder te verdelen in acute en chronische complicaties:

- acuut: hypoglykemie, diabetische ketoacidose en hyperglykemisch non-ketotisch dehydratiesyndroom;
- chronisch: retinopathie, nefropathie, neuropathie en atherosclerose.

Bij diabetes is ook de kans verhoogd op het ontstaan van cataract, huid- en bindweefselproblemen, endocriene stoornissen, infecties en psychologische en psychiatrische stoornissen (Tack et al. 2012).

2.4.1 Acute complicaties

2.4.1.1 Hypoglykemie

Bij het gebruik van insuline en orale medicatie die de insulinesecretie stimuleren kan hypoglykemie optreden. Dat gebeurt wanneer er meer insuline circuleert dan nodig is voor het bereiken en handhaven van normoglykemie. Verschijnselen van hypoglykemie zijn: bleke huidskleur, hartkloppingen, honger, trillen, zweten, geeuwen, verwardheid, concentratieverlies, sufheid, apathie, hoofdpijn, halfzijdige verlamming, stuiptrekkingen en coma. In de regel treden deze verschijnselen op bij een bloedglucosewaarde van minder dan 3,5 mmol/l. Oorzaken van hypoglykemie kunnen onder meer zijn: het overslaan van een maaltijd, minder of later eten dan gebruikelijk, vertraagde maagontlediging, alcoholgebruik, lichamelijke inspanning en sterkere opname van insuline vanuit het insulinedepot (spuitplaats).

In het begin van de diabetes treedt nog de normale contraregulatie op. Hierbij stijgt de glucagonafgifte die de lever stimuleert tot glucoseafgifte. Ook het adrenalinegehalte stijgt, waardoor het glucoseverbruik van de spieren afneemt en tevens de glucoseafgifte door de lever wordt gestimuleerd: deze beide hormonen verhogen het bloedglucosegehalte reeds na 10 tot 20 minuten. Na 15 tot 30 minuten nemen ook de hoeveelheid cortisol en groeihormoon toe. Deze hormonen hebben echter pas enkele uren later een glucoseverhogend effect.

Bij veel patiënten met al langer bestaande diabetes verdwijnt de normale glucagonrespons en vermindert de adrenalineafgifte. Hierdoor bemerkt men de hypoglykemie pas bij lagere glucosewaarden. Wanneer de hypoglykemie niet meer bijtijds door de patiënt wordt opgemerkt spreekt men van 'hypo unawareness'. Men neemt aan dat die zich voordoet bij 25 % van de patiënten met diabetes type 1; het is waarschijnlijk de belangrijkste oorzaak van ('onverklaarde') hypoglykemie. Dit wordt mogelijk door een scherpe glucoseregulatie in de hand gewerkt. De patiënt kan zonder voorafgaande waarschuwingssignalen in een hypoglykemisch coma geraken. De angst voor hypoglykemie, met het bewust streven naar een hogere glucosewaarde als gevolg, is een vaak onderschat probleem in de regulatie (Tack et al. 2012).

2.4.1.2 Ketoacidose

Diabetische ketoacidose treedt voornamelijk op bij personen met diabetes type 1 en is het gevolg van een ernstig insulinetekort. De oorzaak daarvan kan zijn een nog niet ontdekte diabetes, te weinig of geen insuline gespoten of een onderbreking in de insulinetoevoer bij gebruik van een insulinepomp. Ook kan de oorzaak gelegen zijn in een relatief insulinetekort als gevolg van een sterk verhoogde behoefte zoals die zich kan voordoen bij infecties, koorts, ernstige stress, een hart- of herseninfarct en een hersenbloeding. Deze situatie is te herkennen aan hyperventilatie, misselijkheid en braken naast de symptomen van de hyperglykemie, zoals vermoeidheid, dorst en polyurie (Tack et al. 2012). Opname in het ziekenhuis voor toediening van vocht, insuline en zo nodig elektrolyten is hierbij noodzakelijk.

2.4.1.3 Hyperglykemisch dehydratiesyndroom

Het hyperglykemisch dehydratiesyndroom (hyperglykemische hyperosmolaire niet-ketoacidotische ontregeling) treedt op bij personen met diabetes type 2 wanneer er sprake is van een ernstig insulinetekort. Meestal betreft het oudere patiënten. Er is als gevolg van ernstige hyperglykemie (>30 mmol/l) een groot vocht- en zoutverlies dat resulteert in cellulaire dehydratie. Door de resterende insulineproductie treedt geen acidose op, zoals bij personen met diabetes type 1. Toch is deze situatie levensbedreigend en is een ziekenhuisopname absoluut noodzakelijk (Tack et al. 2012).

De oorzaak kan onder meer zijn infectie, hartinfarct, hersenbloeding of corticosteroïdengebruik. De symptomen zijn aanvankelijk erge dorst, grote urineproductie, misselijkheid, gewichtsverlies en vervolgens, wanneer niet meer voldoende kan worden gedronken, sufheid, algemene malaise, visusproblemen, duizeligheid, spierzwakte, hoofdpijn, verlaagd bewustzijn en ten slotte coma. Voor een snelle rehydratie is een infuus met vocht, zouten en insuline nodig.

2.4.2 Chronische complicaties

Bij diabetes type 1 kan na verloop van tijd een aantal chronische complicaties optreden. Bij diabetes type 2 kunnen complicaties reeds aanwezig zijn voor het (te laat) stellen van de diagnose. De chronische complicaties worden grofweg onderverdeeld in macrovasculaire en microvasculaire complicaties. Macrovasculaire complicaties zijn een gevolg van versneld optreden van atherosclerose en bedreigen de grote arteriën van het hart, de hersenen en de benen. De bekendste microvasculaire complicaties zijn retinopathie, neuropathie en nefropathie. Daarnaast is er bij diabetes een verhoogde kans op het ontstaan van cataract, huid- en bindweefselproblemen, endocriene stoornissen, infecties en psychologische en psychiatrische stoornissen.

De verantwoordelijke mechanismen die tot deze complicaties leiden zijn nog niet geheel opgehelderd. Onder hyperglykemische omstandigheden treedt een aantal verstoringen op. Eiwitten worden zowel in de cel als daarbuiten meer dan normaal geglyceerd: er wordt glucose aan het eiwit gebonden zonder tussenkomst van enzymen. Het betreft hetzelfde proces waardoor een verhoogd percentage HbA_{1c} ontstaat. Geglyceerde eiwitten functioneren afwijkend. Bovendien kunnen deze eiwitten onderling weer nieuwe verbindingen vormen. Gebeurt dit bij collageen, dat een onderdeel vormt van onder meer vaatwanden, pezen en huid, dan worden die in de loop van de tijd steeds stugger.

Veel onderzoek richt zich op een toename van zuurstofradicalen en een afgenomen oxidatieve bescherming bij hyperglykemie. De disbalans tussen pro- en antioxidanten wordt ervan verdacht een belangrijke rol in het ontstaan van chronische complicaties te spelen door aantasting van celwanden, eiwitten en LDL-partikeltjes. Niet van insuline afhankelijke cellen nemen overmatig veel glucose op en zetten dit met behulp van het enzym aldosereductase om in sorbitol. De sorbitol hoopt zich op in de cellen die hierdoor opzwellen.

Door verstoring in de eicosanoïdensynthese (synthese van metabolieten met een hormoonachtige werking) ontstaat een overproductie van metabolieten met een ontstekingbevorderende werking. Die stimuleren processen die vaatwandschade kunnen veroorzaken. Men vermoedt dat deze verstoringen betrokken zijn bij het ontstaan van de chronische diabetescomplicaties.

Een scherpe glucose- en bloeddrukregulatie en het normaliseren van dislipidemie zijn tot dusver de krachtigste wapens in de strijd tegen het ontstaan en de progressie van complicaties (Tack et al. 2012).

2.4.2.1 Macrovasculaire complicaties

Macrovasculaire complicaties vormen de belangrijkste doodsoorzaak bij patiënten met diabetes. Naast de bekende risicofactoren als roken, hypertensie en dislipidemie moeten ook hyperglykemie zelf en micro- of macroalbuminurie tot de risicofactoren worden gerekend. Hyperglykemie versnelt het atherosclerotisch proces. Hierbij zijn meerdere mechanismen betrokken, waaronder die van toegenomen oxidatieve stress en glycosylering van eiwitten en lipoproteïnen. Vele normale functies van het endotheel raken verstoord, waardoor onder meer de vaatwand verdikt, stugger wordt en er sneller atherosclerotische plaque ontstaat. Daarnaast is de bloedplaatjesaggregatie toegenomen en de fibrinolyse afgenomen. Micro- en macroalbuminurie worden beschouwd als tekenen van een algeheel verslechterde kwaliteit van het vaatstelsel (Tack et al. 2012).

2.4.2.2 Microvasculaire complicaties

De microvasculaire complicaties bedreigen vooral de kwaliteit van leven van een persoon met diabetes. Slechtziendheid, blindheid, nierfalen en verstoorde prikkelgeleiding met als gevolg diarree of erectiestoornissen kunnen het welbevinden ernstig belemmeren. De patiënt moet regelmatig gecontroleerd worden op de ontwikkeling van retinopathie, neuropathie en voetproblemen (Tack et al. 2012).

2.4.2.3 Retinopathie

Retinopathie kan het gezichtsvermogen aantasten en tot blindheid leiden. Het is in de westerse wereld de belangrijkste oorzaak van blindheid en slechtziendheid tussen het 20^{e} en 74^{e} levensjaar. Retinopathie kan in twee stadia worden ingedeeld.

1. Achtergrondretinopathie
In dit stadium is de doorlaatbaarheid van de capillairen vergroot en kunnen ze afgesloten zijn. Ook ontstaan er microaneurysma, vaatjes kunnen verwijd zijn, eiwitten en vetten kunnen door de vaatwand lekken en vaatjes kunnen gaan bloeden. Zodra de macula aangetast is, wordt het vermogen tot scherp zien bedreigd.

2. Proliferatieve retinopathie
Waarschijnlijk gestimuleerd door groeifactoren ontstaan nieuwe vaatjes die in het glasvocht groeien. Door bloeding van deze vaten wordt het gezichtsvermogen sterk aangetast en verder kunnen deze vaatjes doordat ze aan het netvlies 'trekken', loslating van het netvlies veroorzaken.

Progressie van retinopathie kan worden voorkomen met tijdige fotocoagulatie. Met behulp van de warmte van een laserstraal kunnen lekkende vaatjes worden vernietigd. Ook kan door het coaguleren van vele kleine stukjes netvlies de zuurstofbehoefte worden verlaagd, waardoor de prikkel voor de groei van nieuwe vaatjes wordt verminderd.

2.4.2.4 Nefropathie

Van alle personen die een nierfunctievervangende behandeling krijgen, heeft ruim 10 % diabetes mellitus. Nefropathie grijpt diep in het leven van de patiënt in als gevolg van de vele beperkingen en de sterk verkorte levensverwachting, ondanks de mogelijkheid van nierfunctievervangende therapie en niertransplantatie.

Door het hoge bloedglucosegehalte treden diverse veranderingen op in de nier. Bekend zijn onder meer een verhoogde druk en toegenomen filtratie in de glomeruli, glycering en aantasting van het basale membraan van de niervaatjes, biochemische veranderingen die de bloeddruk verhogen en verstoringen in de prostaglandinesynthese. Ook is sprake van een toegenomen tromboseneiging en verminderde fibrinolyse die kunnen leiden tot afsluiting van niervaatjes. Door een scherpe glucose- en bloeddrukregulatie, het gebruik van ACE-remmers of angiotensine-II-antagonisten, niet roken en door natriumbeperkte voeding kan het verloop van micro- naar macroalbuminurie worden vertraagd of voorkomen. Er is geen bewijs voor een gunstig effect van eiwitbeperkte voeding bij nefropathie. (Pan et al. 2008; Robertson et al. 2007; NDF 2015). Wel geeft eiwitbeperking vermindering van de fosfaatinname uit voeding, wat in een verder gevorderd stadium van nefropathie van belang kan zijn.

2.4.2.5 Neuropathie

Neuropathie kan zich op veel manieren manifesteren. Autonome neuropathie kan het functioneren van het maag-darmkanaal aantasten, waarvan gastroparese, obstipatie en diarree de gevolgen kunnen zijn. Ook orthostatische hypotensie kan het gevolg zijn van autonome neuropathie.

Motorische en sensorische zenuwvezels kunnen zijn aangetast. Hierdoor kan een scala aan problemen ontstaan. Door standafwijkingen van de voet kunnen drukplekken optreden die tot wonden kunnen leiden. Verwonding van de voet wordt niet opgemerkt of de patiënt ervaart pijn en/of tintelingen zonder oorzaak. Door de combinatie neuropathie en slechte bloedcirculatie kan als gevolg van een geïnfecteerde verwonding aan de voet gangreen optreden, waardoor soms amputatie nodig is. Amputatie van (een deel van) een been is bij personen met diabetes mellitus circa vijftien keer vaker noodzakelijk dan bij personen zonder diabetes mellitus. Microvasculaire afwijkingen en neuropathie kunnen ook erectiestoornissen tot gevolg hebben.

2.5 Behandeling van diabetes mellitus

De diabetesbehandeling is erop gericht vermindering van de kwaliteit van leven door diabetes zo klein mogelijk te houden. Getracht wordt hyperglykemie en de daarmee gepaard gaande klachten op te heffen, met een zo klein mogelijk risico op hypoglykemie. Verder is de therapie gericht op beperking van de kans op het ontstaan en de progressie van late diabetescomplicaties (Tack et al. 2012).

Normoglykemie Langlopend onderzoek in de Verenigde Staten bij patiënten met diabetes mellitus type 1 (Diabetes Control and Complication Trial, DCCT) en in Engeland bij patiënten met diabetes mellitus type 2 (UK Prospective Diabetes Study, UKPDS) hebben het belang van strikte bloedglucoseregulatie overtuigend aangetoond. Patiënten met diabetes type 1 uit de experimentele intensief behandelde groep hadden 76 % minder kans op het ontwikkelen van retinopathie en bij bestaande retinopathie nam de achteruitgang met 54 % af ten opzichte van de patiënten in de conventioneel behandelde controlegroep. Ook ten aanzien van de andere microvasculaire complicaties werden indrukwekkende percentages

Tabel 2.2 Streefwaarden glucoseregeling. (Bron: Rutten et al., NHG-Standaard Diabetes mellitus type 2 (derde herziening), 2013)

	veneus plasma
nuchter glucose (mmol/l)	4,5–8
glucose 2 uur postprandiaal (mmol/l)	<9
HbA_{1c} (mmol/mol)	≤53
leeftijd ≥70 jaar en <10 jaar diabetes	≤58
leeftijd ≥70 jaar en ≥10 jaar diabetes	≤64

voor risicoreductie gevonden (Diabetes Control and Complication Trial Research Group 1993).

Door scherpe bloedglucoseregulatie bij patiënten met diabetes type 2 bleek dat zij 25 % minder kans hebben op aan diabetes gerelateerde microvasculaire complicaties en 16 % minder kans op een hartinfarct dan de controlegroep. Wanneer tevens de bloeddruk scherp werd gereguleerd, daalde het risico met 37 % voor de microvasculaire complicaties en nam de aan diabetes gerelateerde sterfte af met 32 %. De kans op ernstige hypoglykemie was in beide intensief behandelde groepen twee tot drie keer groter dan in de controlegroepen. Deze toename van hypoglykemie is de meest beperkende factor in het bereiken van strikte bloedglucoseregulatie (UK Prospective Diabetes Study Group 1998a, 1998b).

Voor het beoordelen van de kwaliteit van de bloedglucoseregulatie wordt naast de bloedglucosewaarden ook het percentage geglycosyleerd hemoglobine A_{1c} (glyHb of HbA_{1c}) bepaald. Het percentage glyHb geeft een indruk van de gemiddelde bloedglucosespiegel van de voorafgaande zes tot acht weken. De streefwaarden van de bloedglucoseregulatie staan in tab. 2.2.

Teneinde de kans op hypoglykemie tijdens het begin van de nacht te beperken gebruikte men wel het adagium 'een acht voor de nacht' bij de educatie aan insulinegebruikende patiënten. Bij gebruik van insulinepomp of injecties met langwerkende insulineanalogen en kortwerkende analogen kan ook een waarde lager dan 8 mmol/l voor de nacht worden nagestreefd.

Aan de basis van een optimale bloedglucoseregulatie staat het op elkaar afstemmen van voeding, medicatie en beweging, waarbij niet voorbijgegaan kan worden aan de invloeden van ziekte en stress.

2.5.1 Medicatie voor de regulatie van de bloedglucosespiegel

De medicatie voor de behandeling van diabetes mellitus is onder te verdelen in orale medicatie en subcutaan geïnjecteerde insuline. Bij diabetes type 1 is altijd insuline geïndiceerd. De hyperglykemie bij pas gediagnosticeerde diabetes type 2 kan bij een aantal patiënten voldoende worden verlaagd met alleen leefstijladviezen. Bij de meeste patiënten zullen orale glucoseverlagende middelen nodig zijn en een deel zal insuline nodig hebben.

2.5.1.1 Insuline

Insuline is in 1922 voor het eerst toegepast bij de behandeling van diabetes mellitus. Sinds de eerste insulinepreparaten op de markt verschenen, is veel geïnvesteerd in de ontwikkeling van preparaten met een langere of juist kortere werkingsduur of een beter voorspelbare werking. Om de fysiologische insulineafgifte van een gezonde pancreas zo nauwkeurig mogelijk na te bootsen heeft men immers insuline nodig die snel in de bloedbaan terechtkomt om de snelle bloedglucosestijging volgend op een maaltijd op te vangen: de insuline-bolus. Daarnaast is insuline nodig die gedurende het gehele etmaal geleidelijk in het bloed wordt opgenomen – niet alleen om glucoseopname in de insulinegevoelige weefsels te stimuleren, maar vooral om de glucoseafgifte door de lever te beperken. De belangrijkste ongewenste bijwerking van insuline is hypoglykemie. Soms treden allergische huidreacties en lipohypertrofie op bij de injectieplaats. Een overzicht van de beschikbare insulines staat in tab. 2.3.

2.5.1.2 Orale bloedglucoseverlagende medicatie

Wanneer bij personen met diabetes type 2 een (energiebeperkt) voedingsadvies en beweegadviezen onvoldoende effect hebben, komen in eerste instantie orale bloedglucoseverlagende middelen in aanmerking (tab. 2.4).

2.5.1.3 Opbouw behandeling per type

2.5.1.3.1 Diabetes type 1

Bij diabetes type 1 wordt altijd direct gestart met insuline-injecties. In het algemeen wordt gekozen voor een insulineregime waarbij met een pensysteem voor elke maaltijd (en eventueel zelfs voor een tussenmaaltijd) subcutaan (ultra)snelwerkende insuline wordt gespoten of via een insulinepomp gebolust. Daarnaast wordt bij een pensysteem ten minste eenmaal per dag op een vast tijdstip (meestal vlak voor de nacht) ook nog middellangwerkende insuline gespoten. Via het pompsysteem wordt naast bolussen voor maaltijden basaal 24 uur per dag (ultra)snelwerkende insuline afgegeven. De langwerkende insulines worden steeds minder gebruikt vanwege de onvoorspelbare resorptie. Veel mensen die exogeen insuline nodig hebben, gebruiken inmiddels een insulinepomp die continu kortwerkende insuline afgeeft aan het onderhuidse weefsel. De afgifte van insuline is per uur of per half uur in te stellen en in combinatie met de eenvoudig toe te dienen extra insuline voor de maaltijden kan met een insulinepomp zeer nauw worden aangesloten aan de bestaande insulinebehoefte. Vooral voor en tijdens de zwangerschap blijkt de insulinepomp een zeer waardevol hulpmiddel te zijn.

Tabel 2.3 Overzicht van insulinepreparaten met werking die in 2015 in Nederland beschikbaar zijn. (Bron: NDF Voedingsrichtlijn diabetes 2015, p. 97–98)

soort insuline	effect/werking*
ultrakortwerkende insuline	
glulisine (Apidra®)	(1) 10–20 min (2) max. 1 uur (3) 2–5 uur
lispro (Humalog®)	(1) binnen 15 min (2) max. 1 uur (3) 2–5 uur
aspart (Novorapid®)	(1) 10–20 min (3) 3–5 uur
kortwerkende insuline	
insuline, gewoon humuline Regular® insuman Rapid® insuman Infusat®	(1) ½–1 uur (2) 1–4 uur (3) 7–9 uur
middellangwerkende insuline, isofaan	
humuline NPH® insulatard® insuman Basal®	binnen 1,5 uur 4–12 uur 24 uur
langwerkende insuline	
detemir (Levemir®) glargine (Lantus®, Toujeo®*) degludec (Tresiba®)	(3) detemir max. 24 uur (3) glargine 24 uur; * + 3 uur (3) degludec ten minste 42 uur
mengsel ultrakort- en middellangwerkende insuline	
Humalog mix®	(1) na 15 min (3) 11–24 uur
Novomix®	(1) binnen 10–20 min (2) 1–4 uur (3) tot 24 uur
Mengsel kort- en middellangwerkende insuline	
Insuman Comb® Humuline 30/70®	(1) ½–1 uur (2) 1½– 8 uur (3) 11–24 uur

1 = intrede effect; 2 = optimum; 3 = totale werking.

2.5.1.3.2 Diabetes type 2

De NHG-Standaard adviseert patiënten met diabetes type 2 en overgewicht eerst af te vallen en meer aan lichaamsbeweging te doen. Indien voedingsadvies en stimulering van lichamelijke activiteiten na drie maanden niet tot bevredigende

Tabel 2.4 Overzicht orale bloedglucoseverlagende middelen met werking die in 2015 in Nederland beschikbaar zijn. (Bron: NDF Voedingsrichtlijn diabetes 2015, p. 95–96)

werkzame stof/merknaam	werking
biguaniden	
metformine (Glucophage®)	remt glucoseproductie in de lever verhoogt de insulinegevoeligheid en bevordert het glucoseverbruik door de weefselcellen vermindert de eetlust
sulfonylureumderivaten	
tolbutamide (Rastinon®) glibenclamide (Daonil®) gliclazide (Diamicron®) glimepiride (Amaryl®)	stimuleren de insulineafgifte door de bètacellen van de pancreas versterken het effect van insuline in de weefsels, waardoor de glucose gemakkelijker wordt opgenomen
meglitiniden	
repaglinide (Novonorm®)	stimuleert de aanmaak van insuline door de bètacellen in de pancreas
alfaglucosidaseremmer	
acarbose (Glucobay®)	vertraagt de afbraak van di-, oligo- en polysachariden uit de voeding
glitazones	
pioglitazon (Actos®)	bevordert insulinegevoeligheid in vetweefsel via indirecte effecten
GLP-1-analogen	
exenatide (Bydureon®, Byetta®) liraglutide (Victoza®) lixisenatide (Lyxumia®)	injectie incretinemimeticum verhoogt glucoseafhankelijk insulineafgifte en vermindert glucagonafgifte
DPP-4-remmers	
sitagliptine (Januvia®) vildagliptine (Galvus®) saxagliptine (Onglyza®) linagliptine (Trajenta®)	voorkomen hydrolyse van incretinehormonen, hierdoor blijft werking incretines langer bestaan (Dit verhoogt glucoseafhankelijk de insulineafgifte en vermindert glucagonafgifte.)
SGLT2-groep	
dapagliflozine (Forxiga®) canagliflozine (Invokana®)	verwijderen overtollig glucose via de nieren

resultaten heeft geleid, wordt gestart met een biguanide met ophoging tot de maximale dosering zolang geen goede diabetesinstelling is bereikt. Zo nodig wordt hier vervolgens een SU-derivaat aan toegevoegd, waarbij gliclazide de voorkeur heeft boven de overige SU-derivaten vanwege een lager hypoglykemierisico en ook omdat het kan worden gebruikt bij nierinsufficiëntie (Rutten et al. 2013). Biguaniden geven geen risico op hypoglykemie en ook geen gewichtstoename.

Als met orale medicatie geen goede metabole controle kan worden bereikt, is insulinetoediening nodig. De insuline kan in combinatie met de orale medicatie worden voorgeschreven, maar ook als monotherapie. Hierbij is de middellangwerkende insuline volgens de NHG-Standaard middel van eerste keuze.

Naast een goede regulatie van het bloedglucosegehalte is controle en zo nodig behandeling van het gewicht, de bloeddruk, de lipidenspiegels en micro- en macroalbuminurie noodzakelijk.

De NDF Voedingsrichtlijn diabetes 2015 adviseert bij recent gediagnosticeerde diabetes type 2 ten aanzien van het gewicht te streven naar 5–10 % gewichtsvermindering. Bij langer bestaande diabetes verschuift de aandacht van gewichtsverlies naar het voorkomen van gewichtstoename.

2.5.2 Behandeling van andere risicofactoren voor complicaties

2.5.2.1 Bloeddruk

De streefwaarden voor de bloeddrukregulatie zijn volgens de NHG-Standaard diabetes 2013 een systolische bloeddruk <140 mmHg en boven de 80 jaar <160 mmHg (Rutten et al. 2013). Een streefwaarde voor diastolische bloeddruk is komen te vervallen.

2.5.2.2 Dislipidemie

In principe komen personen met diabetes type 2, ongeacht de bloedcholesterolwaarden, in aanmerking voor behandeling met cholesterolverlagende middelen (Rutten et al. 2013). De streefwaarden zijn voor totaal cholesterol <4,5 mmol/l en voor LDL cholesterol <2,5 mmol/l. In geval van diabetes type 1 worden de streefwaarden van de Amerikaanse Diabetes Association aangehouden, te weten LDL-cholesterol ≤2,6 mmol/l en triglyceriden ≤1,7 mmol/l (NDF Voedingsrichtlijn diabetes 2015).

De maatregelen betreffen verder voedingsadviezen en (indien van toepassing) het advies om te stoppen met roken.

2.5.2.3 Nefropathie

Met het oog op de preventie van diabetische nefropathie, maar ook vanwege de correlatie tussen micro- en macroalbuminurie en atherosclerose wordt het albumineverlies in de urine bepaald. Tot 20 mg albumineverlies per 24 uur wordt beschouwd als normoalbuminurie, bij een verlies tussen de 20 en 200 mg per dag spreekt men van microalbuminurie en bij een groter verlies spreekt men van macroalbuminurie (Rutten et al. 2013). Zodra microalbuminurie is vastgesteld zal worden getracht een verdere achteruitgang van de nierfunctie te voorkomen door een zo scherp mogelijke glucose- en bloeddrukregulatie, aanpassing van de voeding met minder natrium (1.200–2.300 mg/dag) in combinatie met medicatie. Er is geen bewijs dat eiwitbeperkte voeding positief effect heeft op verdere achteruitgang van de nierfunctie (NDF Voedingsrichtijn diabetes, 2015). Meestal worden ACE-remmers (angiotensine converting enzymremmers) of angiotensine-II-antagonisten voorgeschreven. Deze medicatie kan de verslechtering van de nierfunctie sterk vertragen. Dit zijn van oorsprong bloeddrukverlagende medicijnen, die voor de preventie van micro- en macrovasculaire complicaties ook voorgeschreven worden aan patiënten met een normale bloeddruk (Tack et al. 2012).

2.6 Dieetbehandeling van diabetes mellitus

Het opvolgen van het voedingsadvies wordt algemeen als belangrijke voorwaarde gezien voor het verwezenlijken van de algemene doelstellingen van de diabetesbehandeling. Een goede dieetinterventie kan een belangrijke rol spelen bij het streven naar:

- optimalisering van het lichaamsgewicht;
- optimalisering van de bloedglucoseconcentraties;
- verbetering van de insulinesecretie;
- verbetering van de insulinegevoeligheid;
- goede afstemming op bloedglucoseverlagende medicatie;
- verbetering van de bloeddruk en het lipidenprofiel;
- volwaardige en leeftijdsadequate voeding.

Hierbij dient opgemerkt te worden dat de voeding slechts een van de factoren is waardoor het beloop van de bloedglucosewaarden wordt bepaald. Naarmate bij zowel diabetes type 1 als diabetes type 2 de resterende insulinesecretie afneemt of zelfs geheel verdwijnt, wordt het effect van voeding, en in het bijzonder van de koolhydraatinneming, op het bloedglucosegehalte belangrijker.

De diëtist speelt een centrale rol in de voedingszorg bij diabetes. Uitgangspunt hiervoor is de meest recente NDF Voedingsrichtlijn diabetes 2015. Taken van de diëtist zijn hierbij:

- Het adviseren en het ondersteunen van een gezond voedingspatroon. Een gezonde voeding is de basis voor:
  - het optimaliseren van glucoseregulatie;
  - het verlagen van cardiovasculaire risicofactoren;
  - het bereiken en behouden van een gezond gewicht;
  - het voorkomen van complicaties;
  - het bevorderen van de algehele gezondheid.
- Het in kaart brengen van persoonlijke behoeften op basis van het huidige voedingspatroon en voorkeuren van het individu, inclusief behoud van plezier dat aan eten wordt beleefd.

- Voedingstherapie aangepast aan de wensen en behoeften van het individu (budget, religie, cultuur, overtuiging, kennis), rekening houdend met bijzondere situaties zoals werk, ramadan en vakantie.
- Het aanleren van praktische vaardigheden voor een juiste verdeling van maaltijden en het maken van gezonde keuzes.
- Het opsporen en slechten van barrières die het afgesproken voedingsgedrag in de weg staan.
- Bij intensieve insulinetherapie: het leren afstemmen van de insulinedosering op de koolhydraatinname en activiteiten, en eventueel op het alcoholgebruik.
- Het adviseren over lichaamsbeweging in relatie tot voeding en/of insulinegebruik.
- Evaluatie en aanpassing van het advies op basis van zelfgemeten glucosewaarden en/of laboratoriumuitslagen.
- Het berekenen van de insuline-koolhydraatratio van de verschillende eetmomenten.
- Het bespreken van mogelijke voedingsaanpassingen bij de verschillende late complicaties.

Per persoon worden individuele doelstellingen besproken en vastgelegd, waarbij rekening wordt gehouden met onder andere de leeftijd van de patiënt, duur van diabetes, algemene gezondheid, comorbiditeit, alsook individuele wensen en behoeften.

2.6.1 Algemene richtlijnen voor de voeding bij diabetes

De voedingsadviezen bij diabetes zijn voor mensen met type 1 diabetes hetzelfde als voor mensen met type 2 diabetes. De kwaliteit van voedingspatronen en voedingsmiddelen is hierbij leidend en staat boven de kwantiteit. Er is geen bewijs voor het adviseren van specifieke energiepercentages voor de voedingsstoffen koolhydraten, vetten en eiwitten. De algemene richtlijnen voor de voeding bij diabetes komen grotendeels overeen met de Richtlijnen Goede Voeding 2015, maar ze kunnen op basis van diabetesspecifieke bewijzen hiervan afwijken. Extra aandacht vraagt het in balans brengen en houden van de bloedglucoseverlagende en bloedglucoseverhogende factoren, waarvan voeding, dat wil zeggen koolhydraten, er één is.

2.6.1.1 Energie

In de praktijk wordt de energiebehoefte individueel bepaald, gebaseerd op de voedingsanamnese, leeftijd, gewicht en hoeveelheid lichaamsbeweging. Voorafgaand aan de diagnose diabetes type 1 is er vaak sprake van gewichtsverlies. Bij volwassenen zijn geen speciale voedingsmaatregelen nodig om dit gewichtsverlies op te heffen. Zodra de glucosewaarden zijn gereguleerd, herstelt het gewicht van de patiënt zich.

Bij overgewicht of obesitas komt het mediterrane en laagkoolhydraat voedingspatroon het meest in aanmerking (par. 2.6.1.8). Op korte termijn (<1 jaar) is er overtuigend bewijs dat koolhydraatbeperking bij diabetes type 2 en overgewicht of obesitas effectiever is dan vetbeperking wat betreft lichaamsgewichtreductie, lipidenwaarden en cardiovasculaire risicofactoren. Mensen met diabetes en overgewicht of obesitas hebben baat bij intensieve leefstijlprogramma's voor verbetering van HbA_{1c}, bloeddruk en lipidenwaarden. Ook Very Low Calorie Diets (VLCD's) op basis van maaltijdvervangende shakes of producten komen hiervoor in aanmerking. Gewichtsreductie van 5–10 % is wenselijk, realistisch en effectief bij het terugdringen van insulineresistentie, hypertensie en dislipidemie.

Bij een BMI ≥ 35 kg/m^2 kan een bariatrische operatie als hulpmiddel dienen voor aanzienlijke gewichtsvermindering, verbetering van de glykemische instelling, verbetering van cardiovasculaire risicofactoren en leiden tot vermindering van cardiovasculaire morbiditeit en mortaliteit. De diabetes type 2 kan hierdoor in remissie komen.

2.6.1.2 Eiwit

Voor mensen met diabetes (al dan niet met nefropathie) is er onvoldoende bewijs voor het adviseren van een ideale hoeveelheid eiwit voor het optimaliseren van de diabetesinstelling, verbeteren van de cardiovasculaire risicofactoren en het beïnvloeden van de nierfunctie.

2.6.1.3 Vet

Het type vetzuur is belangrijker dan de hoeveelheid vet die genuttigd wordt. Onverzadigde vetzuren hebben de voorkeur boven verzadigde vetzuren (met uitzondering van zuivel) en transvetzuren.

Een hoge inneming van verzadigd vet heeft een negatieve invloed op de insulinegevoeligheid en verhoogt bovendien het LDL-cholesterolgehalte. Verzadigde vetzuren in zuivel, met name yoghurt, hebben echter een beschermend effect en dragen niet bij aan verhoging van het LDL-cholesterolgehalte (Chen 2014). Welke factoren hier precies aan ten grondslag liggen is nog onvoldoende duidelijk. Een verschil met roomboter wat betreft invloed op het LDL-cholesterolgehalte zou niet worden veroorzaakt door het type vetzuur, maar ligt in het wel of niet bevatten van calcium of specifieke eiwitten. Hierover is nog onvoldoende duidelijkheid uit onderzoeken. Voedingsmiddelen rijk aan omega-3-vetzuren, zoals vette vis en noten, verbeteren bij diabetes de lipidenwaarden. Er is bij diabetes geen bewijs voor gunstige effecten van het gebruik van omega-3-supplementen op preventie van hart- en vaatziekten.

Gebruik van 1,5–3,0 gram plantensterolen per dag kan bijdragen aan een kleine afname van 10 tot 12,5 % van het totaal cholesterol en het LDL-cholesterol bij mensen met diabetes (Official Journal of the European Union 2014).

2.6.1.4 Koolhydraten

De totale hoeveelheid koolhydraten in de voeding en de beschikbare insuline zijn de belangrijkste factoren voor de glucoserespons op de maaltijd. Er is geen 'ideale' hoeveelheid koolhydraten voor mensen met diabetes. De kwaliteit van de koolhydraten is belangrijker dan de kwantiteit. Beperking van de hoeveelheid geraffineerde zetmeelproducten en van producten die veel (vrije) suikers bevatten, is aan te raden. Vrije suikers zijn van nature aanwezige suikers in voedingsmiddelen, zoals vruchtensappen en honing. Vermindering van het gebruik van gezoete dranken, waaronder frisdranken en vruchtensappen, draagt bij aan het voorkomen of tegengaan van overgewicht en het verminderen van cardiovasculaire risicofactoren.

Bij diabetes type 1 is het van groot belang dat de insulinedosering wordt afgestemd op de te consumeren hoeveelheid koolhydraten. Het kunnen rekenen met koolhydraten en het gebruik van insuline-koolhydraatratio's zijn waardevolle instrumenten voor de persoon met diabetes om het bloedglucosegehalte na de (tussen)maaltijden zo goed mogelijk onder controle te houden. Ook bij diabetes type 2 moeten de koolhydraatinneming en de orale glucoseverlagende medicatie of insuline op elkaar worden afgestemd. Zelfcontrole en het stimuleren van zelfmanagement dragen bij aan het verbeteren van de diabetesinstelling. In tab. 2.5 worden adviezen beschreven ten aanzien van de koolhydraatinname in relatie tot bloedglucoseverlagende medicatie.

2.6.1.4.1 Suikervrije producten

Speciale suikervrije producten voor mensen met diabetes zijn niet zinvol. Ze worden bovendien veelal gekocht en gegeten in de onjuiste veronderstelling dat ze geen invloed hebben op het effect van de diabetesbehandeling. Men is zich niet bewust van het vaak hoge aandeel (verzadigd) vet en de extra energie die dergelijke producten leveren. Er kunnen wel praktische overwegingen zijn om intensieve zoetstof te gebruiken.

Voorbeelden van producten met intensieve zoetstof zijn zero of light-frisdrank, limonadesiroop zonder suiker, melkproducten gezoet met deze zoetstoffen en zoetstoffen in de vorm van zoetjes, zoetstofpoeder en vloeibare zoetstof.

Tabel 2.5 Adviezen m.b.t. koolhydraatinname en maaltijdenpatroon in relatie tot orale diabetesmedicatie en insulinesoorten.

Medicatie	Voedingsadvies
Biguaniden	
metformine (Glucophage®)	Regelmatige koolhydraatverdeling Koolhydraatbevattende tussenmaaltijden niet nodig
Sulfonylureumderivaten	
tolbutamide (Rastinon®) glibenclamide (Daonil®) gliclazide (Diamicron®) glimepiride (Amaryl®)	Regelmatige koolhydraatverdeling Koolhydraatbevattende tussenmaaltijden kunnen noodzakelijk zijn
Meglitiniden	
repaglinide (Novonorm®)	Innemen voor de maaltijd; niet innemen bij overslaan maaltijd
Alfaglucosidaseremmer	
acarbose (Glucobay®)	Vlak voor of aan het begin van de maaltijd innemen
Glitazones	
Pioglitazon (Actos®)	Regelmatige koolhydraatverdeling, geen tussenmaaltijden nodig
GLP-1-analogen	
exenatide (Bydureon®, Byetta®) liraglutide (Victoza®) lixisenatide (Lyxumia®)	Regelmatige koolhydraatverdeling, geen tussenmaaltijden nodig Misselijkheid bij aanvang maaltijd: tijdig stoppen met eten
DPP-4-remmers	
sitagliptine (Januvia®) vildagliptine (Galvus®) saxagliptine (Onglyza®) linagliptine (Trajenta®)	Regelmatige koolhydraatverdeling, geen tussenmaaltijden nodig
SGLT2-groep	
dapagliflozine (Forxiga®) canagliflozine (Invokana®)	Regelmatige koolhydraatverdeling, geen tussenmaaltijden nodig

Soort insuline	Voedingsadvies type 1	Voedingsadvies type 2
Ultrakortwerkende insuline		
glulisine (Apidra®) lispro (Humalog®) aspart (Novorapid®)	Mogelijkheid om per maaltijd meer of minder koolhydraten te gebruiken, indien de dosis insuline wordt aangepast aan de inname van koolhydraten Tussenmaaltijden niet nodig. Extra dosis insuline voor extra koolhydraatbevattende tussenmaaltijd kan nodig zijn	D.m.v. zelfcontrole nagaan of het nodig is de dosis insuline aan te passen aan wisselende koolhydraatinname D.m.v. zelfcontrole nagaan of het nodig is een extra dosis insuline voor een koolhydraatbevattende tussenmaaltijd te gebruiken
Kortwerkende insuline, gewoon		
Humuline Regular® Insuman Rapid® Insuman Infusat®	Mogelijkheid om per maaltijd meer of minder koolhydraten te eten, indien de dosis insuline wordt aangepast aan de inname van koolhydraten Koolhydraatbevattende tussenmaaltijden kunnen nodig zijn	D.m.v. zelfcontrole nagaan of het nodig is de dosis insuline aan te passen aan wisselende koolhydraatinname Koolhydraatbevattende tussenmaaltijden kunnen noodzakelijk zijn

Tabel 2.5 Vervolg.

Soort insuline	Voedingsadvies type 1	Voedingsadvies type 2
Middellangwerkende insuline, isofaan		
Humuline NPH® Insulatard® Insuman Basal	Bij monotherapie, regelmatige vaste koolhydraatverdeling Koolhydraatbevattende tussenmaaltijden kunnen noodzakelijk zijn	idem
Langwerkende insuline		
detemir (Levemir®) glargine (Lantus®) degludec (Tresiba®)	Bij monotherapie regelmatige vaste koolhydraatverdeling Koolhydraatbevattende tussendoortjes kunnen noodzakelijk zijn	idem
Mengsel ultrakort- en middellangwerkende insuline		
Humalog mix® Novomix®	Vaste hoeveelheid koolhydraten per maaltijd Koolhydraatbevattende tussenmaaltijden kunnen nodig zijn	D.m.v. zelfcontrole nagaan of vaste hoeveelheid koolhydraten per maaltijd nodig is Koolhydraatbevattende tussenmaaltijden kunnen nodig zijn
Mengsel kort- en middellangwerkende insuline		
Insuman Comb® Humuline 30/70®	Vaste hoeveelheid koolhydraten per maaltijd Koolhydraatbevattende tussenmaaltijden kunnen noodzakelijk zijn	D.m.v. zelfcontrole nagaan of vaste hoeveelheid koolhydraten per maaltijd nodig is Koolhydraatbevattende tussenmaaltijden kunnen noodzakelijk zijn

2.6.1.4.2 Glykemische index

Koolhydraatbevattende voedingsmiddelen kunnen aanzienlijk verschillen in de snelheid waarmee zij na consumptie het bloedglucosegehalte verhogen. Aan de hand van de snelheid en mate van glucosestijging van porties die 50 g koolhydraat bevatten, zijn voedingsmiddelen hierop geïndexeerd. Een hoge glykemische index (GI) wil zeggen dat de bloedglucosewaarde sneller zal stijgen en hoger zal worden dan na consumptie van een lager geïndexeerd voedingsmiddel. Het vervangen van hoogglykemische producten door laagglykemische producten geeft een kleine verbetering van de glucoseregulatie. Toch blijft de voorspellende waarde ten aanzien van de postprandiale glucosestijging van de hoeveelheid koolhydraten groter. De glykemische lading (GL) van een maaltijd, dat wil zeggen de glykemische respons op de hoeveelheid en combinaties van gebruikte producten, zou in principe klinisch relevanter zijn. De implementatie hiervan in de praktijk van alledag lijkt echter zeer moeilijk. Van elk product kan de GI worden bepaald, maar hoe hoog die waarde is hangt van vele factoren af, zoals de bereidingswijze (de GI van gekookte aardappelen is 78, maar die van frites en gebakken aardappelen ongeveer 85), hoe lang een product wordt gekookt of gebakken, op welke temperatuur het wordt klaargemaakt, bij fruit hoe ver het gerijpt is, alsook de snelheid waarmee iemands maag leeg raakt.

In geval van een niet-optimale glucoseregulatie kan een persoon met diabetes in samenwerking met een diëtist nagaan of het gebruiken van een voeding met een lagere glykemische lading leidt tot een betere bloedglucoseregulatie. Handhaving van een goede bloedglucoseregulatie vereist een voortdurend anticiperen op de te verwachten activiteiten en voeding in de komende uren.

De aanbevolen hoeveelheid voedingsvezel voor volwassenen is gelijk aan die voor de algemene bevolking, dat wil zeggen 30 tot 40 gram per dag.

2.6.1.5 Vocht

Algemeen geldende, wetenschappelijk onderbouwde aanbevelingen voor de hoeveelheid drinkvocht ontbreken. Diverse factoren, onder meer de omgevingstemperatuur en de luchtvochtigheid, hebben invloed op de waterbehoefte. De adviezen voor mensen met diabetes zijn hetzelfde als de adviezen die gelden voor de algemene bevolking. In geval van hyperglykemie, waarbij meer vocht in de vorm van urine verloren gaat, is een meer dan gebruikelijke vochtinneming nodig. Dehydratie beïnvloedt het transport van (geïnjecteerde) insuline en de werkzaamheid negatief.

2.6.1.6 Alcohol

Voor mensen met diabetes geldt hetzelfde advies als voor de algemene bevolking, dat wil zeggen maximaal één consumptie per dag. Opsparen is niet mogelijk en dit moet verslaving voorkomen (Richtlijnen gezonde voeding 2015, Gezondheidsraad). Alcohol heeft zowel positieve als negatieve effecten. Verbetering van de insulinegevoeligheid en een afname van het risico op hart- en vaatziekten zijn mogelijke effecten. Overgewicht en hypertensie zijn daarentegen redenen om het alcoholgebruik sterk te beperken. Alcoholgebruik kan het risico op bepaalde kankersoorten vergroten. Alcoholonthouding wordt geadviseerd aan mensen met een voorgeschiedenis van pancreatitis, alcoholmisbruik, hypertriglyceridemie, vergevorderde neuropathie en zwangere vrouwen.

Alcohol komt snel in de bloedbaan. De lever is het belangrijkste orgaan dat alcohol verwijdert. De gluconeogenese komt daarbij bijna geheel stil te liggen, waardoor hypoglykemie kan ontstaan. Het advies is om koolhydraten te nemen op het moment dat het bloedglucoseverlagende effect van alcoholgebruik optreedt. Het risico wordt extra groot indien alcohol gedronken wordt op een lege maag, bij uitgeputte glycogeenvoorraden, bijvoorbeeld na een langdurige (sportieve) inspanning of een nacht slapen.

Na het gebruik van meerdere consumpties kan het glucoseverlagende effect bij personen met diabetes meerdere uren aanhouden.

Een aantal medicijnen gaat slecht samen met alcohol. Patiënten dienen dit op de bijsluiter of verpakking na te gaan of na te vragen bij de behandelend arts.

2.6.1.7 Vitamines en mineralen

De aanbevolen hoeveelheden vitamines en mineralen zoals die gelden voor de algemene bevolking zijn ook van toepassing op personen met diabetes. Mensen met diabetes met een laagkoolhydraat c.q. energiebeperkt voedingspatroon lopen kans om te weinig vitamines en mineralen binnen te krijgen. Suppletie van desbetreffende vitamines en mineralen is hierbij aangewezen om tekorten op te heffen of te voorkomen.

2.6.1.7.1 Foliumzuur

Het advies voor vitamine B_{11} (foliumzuur) is voor mensen met diabetes hetzelfde als voor mensen zonder diabetes. Het plasmagehalte van homocysteïne is een goede voorspeller voor hart- en vaatziekten en de foliumzuurstatus is negatief gecorreleerd met het plasmagehalte van homocysteïne. Een daling van het homocysteïnegehalte door inneming van foliumzuur, al dan niet in combinatie met vitamine B_{12}, verlaagt het risico op hart- en vaatziekten echter niet. Eén milligram lijkt een veilige grens voor foliumzuurinneming te zijn.

2.6.1.7.2 Vitamine B12

De aanbevolen inneming voor vitamine B_{12} is gelijk aan die voor gezonde volwassenen. Het gebruik van metformine kan leiden tot malabsorptie van vitamine B_{12}. Er kan voor gekozen worden de vitamine B_{12}-status in overleg met de arts te laten controleren, zo nodig in combinatie met het methylmalaonzuur wat een meer betrouwbare uitslag geeft, en zo nodig te suppleren. Het vitamine B_{12}-gehalte wordt volgens de huidig geldende richtlijnen bij metforminegebruik niet standaard gecontroleerd. Een diëtist kan op basis van een voedingsanamnese in combinatie met lichamelijke klachten inschatten of een vitamine B_{12}-tekort een reëel risico is. Zeker wanneer mensen met diabetes, die metformine gebruiken, vegetarisch eten, is dit risico aanwezig.

2.6.1.7.3 Overige B-vitamines

Vitamine B-suppletie met tabletten van 2,5 mg foliumzuur, 25 mg vitamine B_6 en 1 mg vitamine B_{12} per dag laten bij mensen met diabetes type 2 en nefropathie snellere achteruitgang van de geschatte glomerulaire filtratiesnelheid zien en ook meer cardiovasculaire complicaties. Het uitvragen van het eventuele gebruik van hooggedoseerde vitamine B-complexpreparaten is hier van belang; gebruik ervan wordt namelijk afgeraden.

2.6.1.7.4 Magnesium

De aanbeveling voor magnesium wijkt bij diabetes niet af van die bij gezonde volwassenen. Er zijn echter aanwijzingen dat bij diabetes vaker een magnesiumtekort voorkomt als gevolg van magnesiumverlies met de urine ten tijde van hyperglykemie. Symptomen van een magnesiumtekort zijn lusteloosheid, spierzwakte, pijn en hartfunctiestoornissen. Verder hangt een magnesiumtekort nauw samen met diverse hart- en vaatziekten en met andere diabetescomplicaties, zoals retinopathie. In overleg met de arts kan bloedonderzoek en zo nodig suppletie plaatsvinden.

2.6.1.7.5 Chroom

Voor chroom zijn geen aanbevelingen vast te stellen. Chroom speelt een rol bij de insulinewerking en is nodig voor een normaal glucosemetabolisme. Chroomtekort kan leiden tot insulineresistentie. Er is onvoldoende bewijs dat chroomsuppletie leidt tot verbetering van de glykemische regulatie bij mensen met diabetes.

2.6.1.7.6 Vitamine D

Het advies voor vitamine D-inname is gelijk aan het advies voor de algemene bevolking. Er is onvoldoende bewijs voor een positief effect van vitamine D op de diabetesregulatie.

2.6.1.7.7 Overig

Onderzoeken met vanadium, zink, vitamine C, kaneel, knoflook, (groene) thee, alfa-liponzuur, flavanolen en polyfenolen leveren geen bewijs op voor afwijkende aanbevelingen bij diabetes dan de adviezen die gelden voor de algemene bevolking.

2.6.1.7.8 Natrium

Het advies voor natriuminname voor mensen met diabetes is hetzelfde als voor de algemene bevolking, namelijk maximaal 6 gram zout of 2.400 mg natrium per dag.

In geval van micro- of macroalbuminurie en hypertensie ondersteunt natriumbeperking bloeddrukverlaging en reductie van de albuminurie, ook in combinatie met het gebruik van een ACE-remmer en diuretica.

Tabel 2.6 Hoeveelheid koolhydraten in laagkoolhydraat voedingspatroon.

hoeveelheid energie per dag in kcal	maximaal 40 en % koolhydraten
1.000 kcal	max. 100 g koolhydraten per dag
1.400 kcal	max. 140 g koolhydraten per dag
1.600 kcal	max. 160 g koolhydraten per dag
1.800 kcal	max. 180 g koolhydraten per dag
2.000 kcal	max. 200 g koolhydraten per dag

2.6.1.8 Voedingspatronen

Het mediterrane en laagkoolhydraat voedingspatroon hebben het meest gunstige effect op de diabetesregulatie/het diabetesmanagement. Het mediterrane voedingspatroon wordt gekenmerkt door ruim gebruik van verse groenten, fruit, volkoren graanproducten, peulvruchten, noten, zaden, olijfolie, vis en gevogelte. Een matig gebruik van zuivelproducten, rood vlees en alcohol ($\leq$2 glazen per dag) wordt gepropageerd.

Het laagkoolhydraat voedingspatroon wordt gekenmerkt door ruim gebruik van eiwitrijke producten, vetrijke producten en groenten, en daarnaast een matig gebruik van koolhydraatrijke producten in onbewerkte en vezelrijke vorm.

Een laagkoolhydraat voedingspatroon bevat maximaal 40 energieprocent koolhydraten (tab. 2.6). Het zeer laagkoolhydraat voedingspatroon, wat tijdelijk ingezet kan worden bij overgewicht of obesitas, bevat vrijwel geen koolhydraatbevattende producten (20–70 gram koolhydraten per dag).

2.6.2 Situaties die extra aandacht voor de voeding vragen

2.6.2.1 Gastroparese

Bij diabetische gastroparese is de maagontlediging door neuropathie vertraagd. Dit kan de oorzaak zijn van onvoorspelbare schommelingen in de bloedglucosewaarden volgend op de maaltijd. Er is een aantal aanpassingen in de voeding die mogelijk effectief zijn:

- vermindering van de hoeveelheid vezels;
- vermindering van de hoeveelheid vet;
- gebruik van meerdere kleine maaltijden per dag;
- gebruik van voeding met een zachte consistentie;
- gebruik van vloeibare voeding in plaats van vaste voeding;
- voldoende drinkvocht, maar dranken met een hoge osmolariteit en koolzuurhoudende dranken vermijden;
- gebruik van aanvullende drink- of sondevoeding of volledige drink-, sonde- of parenterale voeding bij onvoldoende inneming.

2.6.2.2 Hypoglykemie

Hypoglykemie komt voor bij mensen die met insuline en/of sulfonylureumderivaten en/of meglitiniden worden behandeld. Een scherpe diabetesregulatie gaat gepaard met een grotere kans op hypoglykemieën. Oorzaken van hypoglykemie kunnen zijn: te laat eten, het overslaan van een maaltijd, te weinig koolhydraten eten of drinken zonder aanpassing van de medicatie, extra lichaamsbeweging, het gebruik van alcohol of het gebruik van een te hoge dosis bloedglucoseverlagende medicatie.

Een algemeen advies ter bestrijding van hypoglykemie is 20 g koolhydraten in te nemen in snel oplosbare vorm oftewel hoge glykemische vorm. Hierbij heeft glucose de voorkeur boven fructose. De exacte bloedglucosestijging bij een bepaalde hoeveelheid koolhydraten is individueel bepaald. Na 15 tot 20 minuten kan worden gecontroleerd of de bloedglucosewaarde voldoende is gestegen. Indien de glucosewaarde nog te laag is of wanneer de volgende maaltijd nog enige tijd (twee uur of langer) op zich laat wachten, zijn extra koolhydraten nodig. Om onnodige herhaling te voorkomen is het belangrijk dat de patiënt of behandelaar de oorzaak van de hypoglykemie probeert te achterhalen. Mogelijk kan de behandeling of voeding worden aangepast. Bij regelmatig optredende hypo's kan aanpassing van de medicatie noodzakelijk zijn.

Hypoglykemie bij behandeling met sulfonylureumderivaten houdt vaak lang aan (tot meer dan 12 uur); er zijn dan meer en vaker extra koolhydraten nodig. Soms is ziekenhuisopname noodzakelijk. Ook tijdens of na zware lichamelijke inspanning of na alcoholgebruik kan in de daaropvolgende uren de kans op hypoglykemie vergroot zijn.

Andere behandelwijzen van hypoglykemie, met glucagon (bij voorkeur intramusculair geïnjecteerd) of een glucose-infuus, worden toegepast wanneer de patiënt niet meer kan slikken of buiten bewustzijn is.

2.6.2.3 Zwangerschap en zwangerschapswens

Bij vrouwen met diabetes die zwanger willen worden of al zijn, is een zeer goede diabetesregulatie van groot belang. Er bestaat een lineair verband tussen het HbA_{1c}-percentage tijdens de periode voorafgaand aan de conceptie en de prevalentie van aangeboren afwijkingen (Visser et al. 2005). Gestreefd wordt naar een glycoHb van minder dan 53 mmol/l voor de conceptie. Scherpe bloedglucoseregulatie vermindert de kans op congenitale afwijkingen (neuralebuisdefecten en hartafwijkingen), abortus, intra-uteriene vruchtdood, macrosomie en complicaties bij de geboorte. Vrouwen met diabetes type 2 zullen bij gebruik van orale bloedglucoseverlagende medicatie, bij voorkeur reeds voor de zwangerschap, moeten overstappen op insulinetherapie. Afstemming van de koolhydraatinname, insulinedosering, lichaamsbeweging en stressfactoren vereisen (herhaling van) voedingseducatie. Daarnaast vraagt vitamine- en mineralensuppletie aandacht. In het bijzonder geldt dit voor onder andere ijzer en vitamine D. Relevant is het advies om extra foliumzuur te gebruiken vanaf ruim acht weken vóór de conceptie tot ten minste twee maanden na de conceptie. Met het oog op de behandeling van hypertensie is natriumbeperking niet zinvol: dit verhoogt mogelijk de kans op pre-eclampsie.

Indien de moeder na de bevalling borstvoeding geeft, heeft zij daarvoor extra energie nodig (circa 500 kcal per dag). Het effect van het geven van borstvoeding op de bloedglucosewaarden is onvoorspelbaar; de kans op (nachtelijke) hypoglykemie lijkt wat verhoogd te zijn. Soms doet hypoglykemie zich voor ongeveer een uur na het voeden; een extra snack vóór het voeden kan dit voorkomen (Tack et al. 2012).

De voedingsbehoefte van zwangere vrouwen met diabetes wijkt verder niet af van die van zwangere vrouwen zonder diabetes. Voor meer informatie, zie hoofdstuk 'Diabetes en zwangerschap'.

2.6.2.4 Drink- en sondevoeding

In Nederland zijn specifieke drink- en sondevoedingen voor mensen met diabetes beschikbaar. De samenstelling wijkt af in de zin van een lager koolhydraatgehalte, koolhydraten met een lagere glykemische indexwaarde, alsook een hoger onverzadigd vetgehalte. Er is onvoldoende bewijs om bij alle personen met diabetes bij wie drink- of sondevoeding geïndiceerd is, diabetesspecifieke drink- of sondevoeding voor te schrijven. In individuele gevallen kan het wel voordelen opleveren ten opzichte van standaard drink- of sondevoeding in de zin van een betere glykemische regulatie en vermindering van het risico op hart- en vaatziekten.

2.6.2.5 Coeliakie

De prevalentie van coeliakie bij diabetes type 1 is hoger dan in de algemene bevolking: ongeveer 10 % ten opzichte van 1 % van de totale bevolking. Bij coeliakie wordt een glutenvrij dieet geadviseerd, wat ingepast dient te worden in het totale diabetesbehandelplan en diabetesmanagement. Meer informatie over voeding bij coeliakie staat in het hoofdstuk 'Voeding bij dunnedarmaandoeningen'.

2.6.2.6 Honeymoonfase

Bij mensen met diabetes type 1 kan de endogene insulineproductie zich gedurende meerdere maanden tot langer dan een jaar na de diagnose voor enige tijd herstellen. Dit fenomeen staat te boek als de 'honeymoonfase'. In deze periode is de insulinebehoefte tijdelijk lager en kunnen er geen betrouwbare insuline-koolhydraatratio's worden vastgesteld.

2.6.2.7 Vasten

Vanuit verschillende geloofsovertuigingen vasten mensen één of meerdere dagen per jaar. Het vasten varieert van volledige onthouding van voedsel gedurende een tijdsperiode tot het zich beperken tot bepaald voedsel gedurende een periode. Vanuit de geloofsovertuiging is er vrijstelling van vasten bij ziekte mogelijk.

Tijdens het vasten is aanpassing van bloedglucoseverlagende medicatie in overleg met de behandelend arts geïndiceerd om ontregeling door hypo- en hyperglykemie te voorkomen. Ook wanneer de persoon met diabetes zelf niet meedoet aan het vasten, kan door 'meedoen' aan bepaalde maaltijden en lekkernijen de diabetesinstelling ontregeld raken. Hierop gerichte diabeteseducatie, waaronder voedingsadviezen, is van belang.

2.6.3 Adviezen voor de implementatie van de voedingsadviezen

Voedingstherapie is een wezenlijk onderdeel van en belangrijke voorwaarde voor optimaal diabetesmanagement. Het verbetert de glucoseregulatie effectief en verlaagt het risico op hart- en vaatziekten. Daarnaast laat voedingstherapie duidelijke verbeteringen zien op de kwaliteit van leven van mensen met diabetes. Diabeteshulpverleners dienen hun begeleiding ten aanzien van de voedingsadvisering zodanig vorm te geven dat deze mensen met diabetes in staat stelt het advies toe te passen, vol te houden, te sturen naar eigen wensen en behoeften, en er zelf medeverantwoordelijkheid voor te dragen in het opvolgen ervan.

Verschillende stappen en aspecten in de voedingsadvisering kunnen zijn:

- het bewerkstelligen van samenwerking: de diëtist of andere diabeteshulpverlener maakt contact met de cliënt, luistert, biedt de mogelijkheid tot het stellen van vragen en discussie;
- het stellen van realistische doelen, afgestemd op de individuele patiënt;
- kennis aanbieden: aanbieden van noodzakelijk geachte kennis over voeding bij diabetes en kennis die gericht is op zelfmanagement, flexibiliteit in leefstijl en het bereiken van behoud van gedragsverandering;
- diabeteshulpverleners overleggen met elkaar en spreken 'dezelfde taal' - ze geven dezelfde adviezen aan patiënten zonder elkaar tegen te spreken.

2.6.3.1 Gesprekstechniek

Er zijn verschillende motiverende gesprekstechnieken, zoals Health Counseling en Motivational Interviewing, die in de voedingsadvisering toepasbaar zijn. Er is geen gesprekstechniek die voor iedereen ideaal is. Wetenschappelijke bewijzen hierover zijn wisselend. Van belang is dat er een goede training gevolgd wordt voor het aanleren van de gesprekstechniek, en ook dat de methode van gesprekstechniek in de praktijk juist toegepast wordt.

2.6.3.2 Zelfmanagement

Doel van de diabetesbehandeling, inclusief het onderdeel voedingstherapie, is zelfmanagement. Voor elke mens met diabetes is op zijn eigen manier een eigen niveau van zelfcontrole en/of zelfregulatie mogelijk. Het adequaat beschikken over kennis, inzicht en vaardigheden is hierbij een voorwaarde en maakt het vergroten van de zelfzorg en het nemen van eigen verantwoordelijkheid mogelijk. De patiënt kan hierdoor in wisselende omstandigheden goed voor zichzelf zorgen.

2.7 Conclusies voor de praktijk

Voor een optimaal resultaat van de diabetesbehandeling is het noodzakelijk dat de patiënten de behandeling en de daarbij behorende adviezen voor de voeding integreren in hun dagelijks leven. Hierbij is normalisering van de bloedglucosewaarden een voor diabetes specifiek behandeldoel. De hoeveelheid koolhydraten, het moment en de frequentie van inneming zijn hierop van invloed. De consequenties van de verschillende therapievormen voor de koolhydraatinneming staan in tab. 2.6.

Op basis van ‘best practice’ heeft de NDF-werkgroep Voedingsrichtlijn diabetes 2015 een actueel overzicht van bloedglucoseverlagende medicatie met de bijbehorende voedingsrichtlijn voor koolhydraten opgesteld. Deze richtlijnen houden rekening met de bekende specifieke werking van de medicatie. Het individueel bepalen van de beste koolhydraatverdeling heeft altijd de voorkeur boven het star volgen van de adviezen die in de tabel staan. Met behulp van zelfgemeten bloedglucosewaarden en kennis van de werking van de medicatie is te beoordelen of de geadviseerde verdeling van koolhydraten doelmatig is. Een regelmatige koolhydraatverdeling betekent drie koolhydraatbevattende maaltijden per dag, waarbij de verschillen in koolhydraatgehalte per maaltijd niet extreem groot zijn.

Bij het gebruik van meerdere tabletten en/of meerdere vormen van insuline dient de diëtist te beslissen welke richtlijn voor de koolhydraatverdeling voorrang krijgt. Als patiënten (ultra)kortwerkende insuline gebruiken, kan de diëtist samen met de patiënt aan de hand van de bloedglucosewaarden de hoeveelheid gebruikte insuline en de hoeveelheid gegeten koolhydraten vaststellen en bepalen wat de individuele verhouding tussen insuline en koolhydraten per maaltijd moet zijn (de zogeheten insuline-koolhydraatratio). Deze ratio is bij diabetes mellitus type 1 vrijwel altijd bruikbaar. Bij diabetes mellitus type 2 is de ratio vooral bruikbaar wanneer de insulinesecretie vermindert of zelfs helemaal verdwijnt.

Hypoglykemie kan optreden bij gebruik van sulfonylureumderivaten, meglitiniden en insulines. Biguaniden, alfaglucosidaseremmers en thiazolidinedionen geven zonder andere bloedglucoseverlagende middelen nooit hypoglykemie. In combinatie met sulfonylureumderivaten, meglitiniden en insulines kan wel hypoglykemie optreden.

Diabetes mellitus gaat gepaard met een hoge cardiovasculaire morbiditeit en mortaliteit. Daarom vormen leefstijlveranderingen die dislipidemie, hypertensie en overgewicht of obesitas gunstig beïnvloeden bij diabetespatiënten, een essentieel onderdeel van de behandeling.

Alle personen met diabetes behoren educatie te krijgen over mogelijkheden om de lipidenwaarden gunstig te beïnvloeden. Dit betreft leefstijlveranderingen gericht op voldoende inname van omega-3-vetzuren en minder verzadigde vetzuren (met uitzondering van zuivel) en transvetzuren, eventueel het gebruik van producten die plantensterolen of -stanolen bevatten, matig zout- en alcoholgebruik, regelmatige lichaamsbeweging en zo nodig gewichtsvermindering.

Voedingsadviezen aan mensen met diabetes mellitus dienen gebaseerd te zijn op de NDF voedingsrichtlijn diabetes 2015.

Literatuur

Chen M., et al. (2014). Dairy consumption and risk of type 2 diabetes: 3 cohorts of US adults and an updated meta-analysis. *BMC Medicine, 12*, 215.

Diabetes Control and Complications Trial Research Group. (1993). The effect of intensive treatment on the development and progression of long-term complications in insulin-dependent diabetes mellitus. *New England Journal of Medicine, 329*, 977–986.

Hofsteenge G. H. (2005). Diabetes mellitus en zwangerschap. Informatorium voor Voeding en Diëtetiek, Dieetleer.

Landelijk Informatie Netwerk Huisartsenzorg (LINH).

NDF. (2015). *Voedingsrichtlijn diabetes 2015*. Amersfoort: Nederlandse Diabetes Federatie.

Official Journal of the European Union, L182/272. 21.06.2014.

Pan, Y., Guo, L. L., & Jin, H. M. (2008). Low-protein diet for diabetic nephropathy: A meta-analysis of randomized controlled trials. *American Journal of Clinical Nutrition, 88*(3), 660–666.

Richtijnen goede voeding. (2015). Gezondheidsraad.

RIVM. (2011). *Nationaal Kompas Volksgezondheid*, (www.nationaalkompas.nl).

RIVM. (2014). *Nationaal Kompas Volksgezondheid*, (www.nationaalkompas.nl).

Robertson, L., Waugh, N., Robertson, A. (2007). Protein restriction for diabetic renal disease. *Cochrane Database of Systematic Reviews* (4), pp. CD002181.

Rutten, G. E. H. M., Grauw, W. J. C. de, Nijpels, G, Houweling, S. T., Laar, F. A. van de, Bilo, H. J., et al. (2013). NHG-Standaard Diabetes mellitus type 2 (derde herziening). Huisarts Wet, *56*(10), 512–525.

Tack, C. J., Diamant, M, Koning, E. J. P. de. (2012). Handboek diabetes mellitus, 4e druk. Utrecht: de Tijdstroom.

UK Prospective Diabetes Study Group (1998a). Intensive blood-glucose control with sulphonylureas or insulin compared with conventional treatment and risk of complications in patients with type 2 diabetes. *The Lancet, 352*, 837–853.

UK Prospective Diabetes Study Group (1998b). Tight bloodpressure and risk of macrovascular and microvascular complications in type 2 diabetes: UKPDS 38. *BMJ, 317*, 703–713.

Visser, G. H. A., Evers, I. M., et al. (2005). Diabetes en zwangerschap; het voorkomen van hypoglykemie. Nederlands Tijdschrift voor Geneeskunde, 149, 172–176.

Wiersma, N. J. J., Mulder, C. J. J. (2009). Voeding bij dunne darmaandoeningen. *Informatorium voor voeding en diëtetiek, Dieetleer.*

Hoofdstuk 3
Screenen op ondervoeding bij volwassenen

Augustus 2016

H.M. Kruizenga, E. Leistra en E. Naumann

Samenvatting Het probleem van aan ouderdom en ziekte gerelateerde ondervoeding is in alle sectoren van de Nederlandse gezondheidszorg groot. Het streven is om (dreigende) ondervoeding tijdig te herkennen. Na de herkenning volgt diagnosestelling en een behandeling op maat, gericht op verbetering van voedingsinname, behoud (of toename) van gewicht, spiermassa en kwaliteit van leven en afname van het aantal complicaties, opnameduur en mortaliteit. Er zijn verschillende screeningsinstrumenten beschikbaar voor de verschillende sectoren van de zorg om (dreigende) ondervoeding te herkennen. Voor de ziekenhuispopulatie wordt de SNAQ of de MUST aanbevolen. Voor de polikliniek is berekening van BMI en gewichtsverlies de standaard. Voor de verpleeg- en verzorgingshuizen geldt de $SNAQ^{RC}$ en voor ouderen in de eerstelijnszorg en thuiszorg de $SNAQ^{65+}$. Voor patiënten in revalidatiecentra bleek de $SNAQ^{65+}$ het meest geschikt.

3.1 Inleiding

Het probleem van aan ouderdom en ziekte gerelateerde ondervoeding is al jaren bekend en de prevalentie is in alle sectoren van de Nederlandse gezondheidszorg hoog. Risicogroepen voor ondervoeding zijn kwetsbare ouderen, chronisch zieken, oncologische patiënten en patiënten die een grote operatie hebben of moeten ondergaan. Herkenning van ondervoeding met alleen de klinische blik blijkt niet sensitief te zijn. Screening met daarbij een multidisciplinair behandelplan is nodig

H.M. Kruizenga (✉)
VU medisch centrum, Amsterdam, The Netherlands

E. Leistra
Docent Health Sciences, Vrije Universiteit, Amsterdam, The Netherlands

E. Naumann
Docent Hogeschool Arnhem, Nijmegen, The Netherlands

M. Former, G. van Asseldonk, J. Drenth, J. van Duinen (Red.), *Informatorium voor Voeding en Diëtetiek*, DOI 10.1007/978-90-368-1259-7_3

om ondervoeding op tijd te herkennen en te kunnen behandelen (Elia et al. 2005; Kruizenga et al. 2003).

3.2 Validiteit van screening

De doelstelling van de screening op ondervoeding is om op een snelle en eenvoudige wijze de patiënten met ondervoeding of een matige voedingstoestand of een risico op ondervoeding op te sporen. De screeningsinstrumenten zijn opgesteld uit de vragen die het meest voorspellend zijn voor ondervoeding. Ze zijn getoetst op diagnostische waarde: de sensitiviteit, specificiteit en positief en negatief voorspellende waarde zijn daarbij allemaal relevant. De uitleg van deze termen is beschreven in par. 3.4.

3.3 Definitie van ondervoeding

Ondervoeding is een acute of chronische toestand, waarbij een tekort aan of disbalans van energie, eiwit en andere voedingsstoffen leidt tot meetbare, nadelige effecten op lichaamssamenstelling, functioneren en klinische uitkomsten. Er zijn verschillende sets van criteria om ondervoeding vast te stellen. De meest gebruikte basisset van criteria gaat uit van een combinatie van onbedoeld gewichtsverlies en een te lage Body Mass Index (BMI: gewicht/lengte^2). Er wordt gesproken van ondervoeding wanneer er sprake is van 10 % of meer onbedoeld gewichtsverlies in de afgelopen zes maanden en/of meer dan 5 % gewichtsverlies in de afgelopen maand. Bij volwassenen (>18 jaar) wordt tevens gesproken van ondervoeding bij een BMI van minder dan 18,5 kg/m^2, bij ouderen (65 jaar en ouder) is sprake van ondervoeding bij een BMI van minder dan 20 kg/m^2 (Jonkers et al. 2011).

Ondervoede patiënten herstellen langzamer en hebben meer en ernstiger complicaties en een verminderde spiermassa, met als gevolg een afname van de algehele conditie en een afgenomen hart- en longcapaciteit. Ondervoeding heeft een relatie met een verminderde immunologische afweer, een slechtere wondgenezing, een verhoogde kans op de ontwikkeling van decubitus, een afname van de levenskwaliteit en een verhoogde mortaliteit. De genoemde complicaties van ondervoeding hebben onder andere een langere opnameduur en een verhoogd gebruik van medicijnen tot gevolg, wat toename van de ziekenhuiskosten met zich brengt (Correia et al. 2003; Gallagher-Allred et al. 1996; Shahin et al. 2010; Silva et al. 2012). Meer informatie over ondervoeding en risicogroepen voor ondervoeding is te vinden in het hoofdstuk 'Ondervoeding en nutritional assessment in de klinische setting' (2015) en het hoofdstuk 'Methoden voor het vaststellen van de lichaamssamenstelling' (2015).

Door te screenen op ondervoeding in ziekenhuizen verbetert de herkenning van ondervoeding en wordt de behandeling eerder gestart (Kruizenga et al. 2003,

2005). Tijdige behandeling van (dreigende) ondervoeding heeft als doel om de voedingsinname te verbeteren, het gewicht en de spiermassa te behouden, functionele uitkomstparameters – zoals spierkracht en kwaliteit van leven (fysiek, emotioneel en mentaal) – te behouden en indien mogelijk het verbeteren van het aantal complicaties, opnameduur en mortaliteit. Dit is in verschillende studies onderzocht en er is effectiviteit op deelgebieden aangetoond. Niet in elk onderzoek werd de effectiviteit van de vroege herkenning van ondervoeding op alle punten aangetoond. Meer onderzoek is nodig om de meest effectieve herkennings- en behandelingsstrategie van ondervoeding in alle sectoren van zorg vast te stellen (Bally et al. 2016; Scholte et al. 2015; Schueren et al. 2015).

3.4 Screening op ondervoeding in de verschillende zorgsectoren

Door screening wordt een patiënt met een slechte/matige voedingstoestand of een risico op ondervoeding snel en eenvoudig herkend. De screeningsuitslag moet echter nooit worden verward met de diagnose ondervoeding (assessment); de screening is slechts een globale inschatting. De meeste screeningsinstrumenten zijn ontwikkeld door de vragen te selecteren die het meest voorspellend zijn voor ondervoeding. Er is onderzocht welke set van vragen het beste gesteld kan worden om een snelle inschatting te kunnen maken van de voedingstoestand.

De screeningsuitslag is altijd gekoppeld aan een vervolgplan. Na screening (in het algemeen uitgevoerd door de verpleegkundige, verzorgende of praktijkondersteuner) volgt diagnostiek door de diëtist, huisarts en/of specialist. Daarna wordt er een behandelplan opgesteld.

Maten voor de diagnostische waarde van screeningsintrumenten Om te bepalen of een screeningsinstrument betrouwbaar is om te gebruiken in een specifieke groep, wordt het instrument vergeleken met een zogeheten 'gouden standaard'. Een gouden standaard is die methode die met de grootst mogelijke zekerheid aangeeft dat iemand ondervoed is. Omdat de gouden standaard van ondervoeding ontbreekt, wordt veelal gebruikgemaakt van de geaccepteerde criteria op basis van onbedoeld gewichtsverlies en BMI. Het screeningsinstrument wordt vergeleken met de referentiecriteria om de diagnostische waarde te bepalen. Daarbij wordt onderscheid gemaakt tussen de sensitiviteit, de mate waarin de uitslag van het screeningsinstrument ondervoeding goed voorspelt, en de specificiteit, de mate waarin iemand die niet ondervoed is ook als dusdanig uit de test komt. Daarnaast wordt gekeken naar de positief en negatief voorspellende waarde. De positief voorspellende waarde geeft het percentage patiënten weer dat door het screeningsinstrument is aangemerkt als ondervoed en ook daadwerkelijk ondervoed is. De negatief voorspellende waarde is het percentage patiënten dat gescreend is als goed gevoed en dat ook daadwerkelijk is.

Het schema (tab. 3.1) biedt een overzicht van de mogelijke combinatie van scores die kunnen optreden.

Tabel 3.1 Uitleg diagnostische waarde screeningsinstrument.

		diagnose ondervoeding	
		+	–
screeningsuitslag	+	A	B
	–	C	D

Sensitiviteit
De sensitiviteit is het percentage patiënten met een positieve screeningsuitslag die ook ondervoed zijn. Dit is dus het percentage correct geïdentificeerde positieven. Dit kan als volgt berekend worden:

$$(A/(A + C))*100$$

Hoe hoger de sensitiviteit, des te meer ondervoede patiënten door het screeningsinstrument herkend worden.

Specificiteit
Specificiteit is het percentage patiënten met een negatieve screeningsuitslag die ook niet ondervoed zijn. Dit noemt men ook wel het percentage correct geïdentificeerde negatieven. Dit kan als volgt berekend worden:

$$(D/(D + B))*100$$

Hoe hoger de specificiteit, des te meer patiënten die niet ondervoed zijn, als niet-ondervoed door het screeningsinstrument herkend worden.

Positief en negatief voorspellende waarde
Bij de positief voorspellende waarde wordt er andersom geredeneerd en ga je uit van het aantal positieve screeningsuitslagen. Het staat voor het percentage van de patiënten met een positieve screeningsuitslag die ook volgens diagnose ondervoed zijn. Dit kan als volgt berekend worden:

$$(A/(A + B)) * 100$$

De negatief voorspellende waarde staat voor het percentage patiënten met een negatieve screeningsuitslag die ook niet ondervoed zijn, en wordt berekend als:

$$(D/(D + C))*100$$

Vooral de positief voorspellende waarde is relevant: als de positief voorspellende waarde laag is, worden er veel niet-ondervoede patiënten onterecht als ondervoed aangemerkt en krijgt de diëtist het onnodig te druk.

Reproduceerbaarheid
De screeningsmethode is reproduceerbaar als een herhaalde meting hetzelfde resultaat heeft.

Screeningsinstrumenten per zorgsector Aangezien de soort ondervoeding verschilt per sector van de gezondheidszorg, volstaat niet één screeningsinstrument. Voor elke sector is een andere set van vragen het meest voorspellend voor

Tabel 3.2 Screeningsinstrumenten voor ondervoeding per zorgsector.

sector	screeningsinstrument
volwassenen in het ziekenhuis	MUST (Elia 2003), SNAQ (Kruizenga et al. 2005)
volwassenen op de polikliniek	Voedingstoestandmeter
ouderen op de polikliniek	MNA-SF (Rubenstein et al. 2001)
thuiswonende ouderen	$SNAQ^{65+}$ (Wijnhoven et al. 2012)
ouderen in verpleeg- en verzorgingshuizen	$SNAQ^{RC}$ (Kruizenga et al. 2009)

ondervoeding. Tabel 3.2 geeft de screeningsinstrumenten weer die in Nederland per sector worden aanbevolen. Alle screenings- en assessmentinstrumenten zijn te downloaden op www.zakboekdietetiek.nl en www.stuurgroepondervoeding.nl.

Naast de screeningsinstrumenten zijn er assessmentinstrumenten, zoals de Subjective Global Assessment (SGA) en de Patient-Generated Subjective Global Assessment (PG-SGA). Deze instrumenten kunnen bij alle patiëntengroepen gebruikt worden. In Nederland wordt de SGA met name toegepast bij patiënten die dialyseren. De Mini Nutritional Assessment (MNA) is een assessmentinstrument voor ouderen.

3.4.1 Screenen op ondervoeding in het ziekenhuis en op de polikliniek van het ziekenhuis

In de Nederlandse ziekenhuizen wordt sinds 2007 gescreend op ondervoeding met de Short Nutritional Assessment Questionnaire (SNAQ; fig. 3.1) en de Malnutrition Universal Screening Tool (MUST; fig. 3.2). Deze screening wordt op de eerste opnamedag uitgevoerd door de verpleegkundige als onderdeel van de opname.

3.4.1.1 Nederlandse Prevalentiemeting Ondervoeding in Ziekenhuizen (NPOZ)

De Nederlandse Vereniging van Diëtisten (NVD) en de Stuurgroep Ondervoeding hebben in januari 2015 alle afdelingen diëtetiek van de Nederlandse ziekenhuizen verzocht tot deelname aan de Nederlandse Prevalentiemeting Ondervoeding in Ziekenhuizen (NPOZ) om de volgende vragen te kunnen beantwoorden (Kruizenga et al. 2016a).

- Hoeveel procent van de patiënten wordt bij opname in het ziekenhuis gescreend?
- Wat is het percentage 'screeningsuitslag ondervoed' per medisch specialisme?

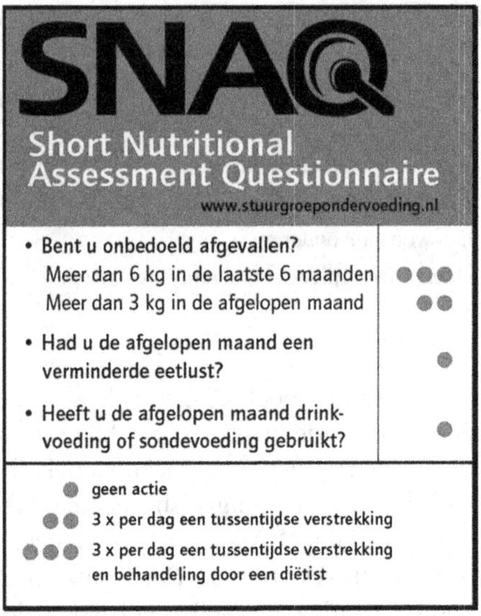

Figuur 3.1 Short Nutritional Assessment Questionnaire (SNAQ). (Bron: Kruizenga et al. 2005)

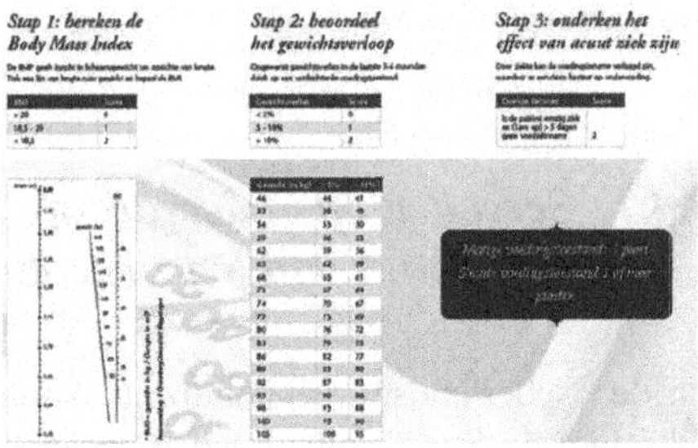

Figuur 3.2 Malnutrition Universal Sreening Tool (MUST). (Bron: Elia et al. 2003)

– Is er een relatie tussen 'screeningsuitslag ondervoed' en de opnameduur?

Dertien ziekenhuizen hebben hieraan gehoor gegeven en uit het elektronisch dossier van afgelopen jaren de volgende gegevens aangeleverd: leeftijd, geslacht, opnemend medisch specialisme, SNAQ-score of MUST-score en lengte van opnameduur. Alle opnames van volwassen patiënten ($\geq$18 jaar) die minimaal 24 uur in het ziekenhuis verbleven, zijn meegenomen. De gegevens zijn anoniem geanalyseerd.

Het gemiddelde percentage patiënten met een positieve screeningsuitslag ondervoeding (SNAQ $\geq$ 3 punten; MUST $\geq$ 2 punten) ligt elk jaar rond de 10–15 % en de mediane opnameduur is alle jaren rond de vier dagen (tab. 3.3).

Conclusie NPOZ In de Nederlandse ziekenhuizen heeft 14–15 % van de patiënten op de eerste opnamedag de screeningsuitslag 'ondervoed' (fig. 3.3). Dit varieert per medisch specialisme van 2 tot 38 %. Bij patiënten van de specialismen geriatrie, oncologie, interne geneeskunde en gastro-enterologie is de prevalentie van de screeningsuitslag 'ondervoed' het hoogst. De patiënten met de screeningsuitslag 'ondervoed' liggen 1,4 dag langer in het ziekenhuis (Kruizenga et al. 2016b).

Tabel 3.3 Basisgegevens patiënten SNAQ- en MUST-ziekenhuizen NPOZ meting 2007–2014.

	SNAQ-ziekenhuizen	MUST-ziekenhuizen
N patiënten	419.086	144.977
man/vrouw	48 %/52 %	48 %/52 %
leeftijd (jaar, gem ± SD)	61,8 ± 18,1 mediaan 65	62,3 ± 18,0 mediaan 66
leeftijd > 70 jaar	39 %	41 %
percentage gescreend bij opname	80 %	80 %
SNAQ ≥ 3 punten/MUST ≥ 2 punten	13,7 %	14,9 %
SNAQ 2 punten/MUST 1 punt	3,9 %	10,0 %
opnameduur (dagen, gem ± SD)	6,4 ± 8,8 mediaan 4	6,1 ± 8,0 mediaan 4

3.4.1.2 Multidisciplinair behandelplan bij ondervoeding in het ziekenhuis

Op basis van de screeningsuitslag treedt het multidisciplinaire behandelplan in werking.

- Bij een SNAQ-score van 0 of 1 punt of een MUST-score van 0 punten wordt aangenomen dat er geen sprake is van ondervoeding. Er hoeft geen voedingsinterventie te worden gestart. Globale monitoring van de voedselinname en één keer per week wegen wordt aanbevolen.
- Een SNAQ-score van 2 punten of een MUST-score van 1 punt staat voor 'screeningsuitslag matige ondervoeding'. De patiënt krijgt energie- en eiwitrijke hoofdmaaltijden en tussentijdse verstrekkingen aangeboden. Globale monitoring van de voedselinname en één keer per week wegen wordt aanbevolen.
- Een SNAQ-score van 3 punten of meer of een MUST-score van 2 punten staat voor 'screeningsuitslag ondervoeding'. Binnen 24 uur na opname schakelt de verpleegkundige de diëtist in. Die diagnosticeert de voedingstoestand, stelt multidisciplinair en met de patiënt behandeldoelen op, zet de behandeling in en evalueert dit op de vierde opnamedag.

3.4.2 Screenen op ondervoeding op de polikliniek: BMI en percentage gewichtsverlies

Op de polikliniek is de prevalentie relatief laag; in Nederland ligt deze rond de 5–6 % (Leistra et al. 2009, 2013). Maar uitgaande van de grote aantallen consulten op de polikliniek – jaarlijks meer dan 10 miljoen nieuwe polikliniekbezoeken – gaat het om meer dan honderdduizend ondervoede patiënten per jaar.

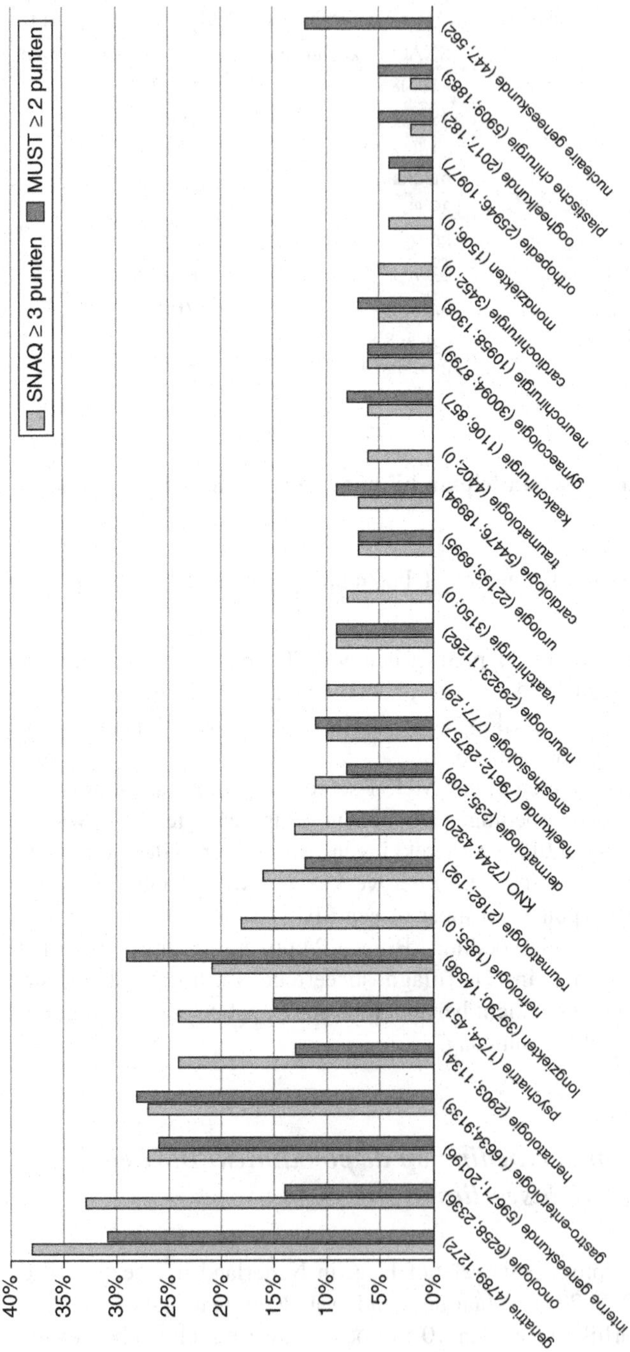

Figuur 3.3 Percentage 'screeningsuitslag ondervoed' per opnemend specialisme. (Bron: Kruizenga et al. 2016a)

Binnen de poliklinische setting is een aantal hoogrisicoafdelingen voor ondervoeding te onderscheiden. Ondervoeding komt het meest voor op de poliklinieken (Leistra et al. 2009; Bokhorst-De van der Schueren et al. 2014):

- mond- en kaakchirurgie (17 %);
- geriatrie (10–17 %);
- oncologie (10 %);
- revalidatie (8 %);
- heelkunde (7 %);
- maag-, darm- en leverziekten (7 %);
- longziekten (7 %).

De prevalentie van ondervoeding bij het preoperatief anesthesiologisch onderzoek is 6 à 7 % (Neelemaat et al. 2008; Haverkort et al. 2012). Bijna 40 % van de preoperatieve ondervoede patiënten betreft patiënten met een oncologische aandoening.

3.4.2.1 De validiteit van screeningsinstrumenten in de poliklinische populatie

Uit de literatuur is bekend dat er ongeveer dertig gevalideerde screeningsinstrumenten voor de ziekenhuissetting zijn. Bij slechts twee daarvan is de validiteit van het instrument voor toepassing in de poliklinische populatie beschreven (Bokhorst-De van der Schueren et al. 2014).

Twee studies naar de diagnostische waarde van de SNAQ in de poliklinische populatie laten zien dat de SNAQ voor gebruik op de polikliniek ongeschikt is. In de studie van Neelemaat et al. (2008) was de sensitiviteit van de SNAQ voor de algemene poliklinische populatie nog vrij goed (67 %), maar voor de preoperatieve patiënten liet deze te wensen over (53 %). De specificiteit was voor beide populaties goed. Een studie van Leistra et al. (2013) bevestigt dat de diagnostische nauwkeurigheid van de SNAQ niet voldoende is. In deze multicenter studie is binnen een heterogene groep van 2236 poliklinische patiënten onderzocht in hoeverre de screeningsinstrumenten MUST en SNAQ geschikt zijn voor poliklinische screening op ondervoeding. Op basis van de criteria 'onbedoeld gewichtsverlies' en/of 'laag BMI' bleken 134 patiënten (6 %) ondervoed en 155 patiënten (7 %) in een matige voedingstoestand.

De MUST had een acceptabele sensitiviteit (75 %), maar een lage positief voorspellende waarde (43 %). Dit houdt in dat het instrument meer mensen aanwijst dan daadwerkelijk ondervoed zijn. Dit is niet wenselijk voor deze setting, omdat dit onnodig de werkdruk zal verhogen. Deze 'overschatting' van het aantal ondervoede patiënten blijkt met name veroorzaakt te worden door de vraag 'is de patiënt ernstig ziek en (kans op) >5 dagen geen voedselinname?'. Veel patiënten scoren positief op deze vraag, terwijl ze op grond van onbedoeld gewichtsverlies en/of BMI niet ondervoed zijn.

De SNAQ doet het niet veel beter. Dit instrument heeft een lage sensitiviteit (43 %), wat inhoudt dat het instrument te weinig ondervoede patiënten herkent. Deze lage score kan grotendeels verklaard worden door de afwezigheid van BMI in dit screeningsinstrument. Wanneer we de SNAQ combineren met BMI, wordt 95 % van de ondervoede patiënten correct herkend (Leistra et al. 2013).

Deze resultaten wijzen uit dat zowel de MUST als de SNAQ niet geschikt is voor poliklinische screening. Geadviseerd wordt om voor poliklinische screening op ondervoeding bij voorkeur de BMI en het percentage gewichtsverlies te gebruiken (BMI < 18,5 voor 18–64-jaar; BMI < 20 voor 65 jaar en ouder en/of gewichtsverlies van meer dan 10 % in zes maanden en/of meer dan 5 % in één maand). Bijna alle medische centra hebben een elektronisch dossier, waarin de criteria voor ondervoeding eenvoudig kunnen worden ingebouwd. Ter ondersteuning van snelle en betrouwbare screening op de polikliniek is tevens de 'Voedingstoestandmeter' ontwikkeld, een draaischijf waarmee gemakkelijk BMI en gewichtsverlies gecombineerd kunnen worden tot een screeningsuitslag. Zie ook: http://www.stuurgroep-ondervoeding.nl/toolkits/screeningsinstrumenten. Voor de poli geriatrie is de MNA-SF goed bruikbaar.

3.4.2.2 Multidisciplinair behandelplan bij ondervoeding op de polikliniek

Screening zonder behandeling is zinloos. De patiënten met een screeningsuitslag 'ondervoed' moeten binnen één werkdag verwezen worden naar de diëtist. Afhankelijk van de indicatie kan dit een diëtist van de polikliniek dan wel een diëtist uit de eerste lijn zijn. De poliklinische diëtist heeft toegang tot de medische status en heeft vaak korte lijnen met de overige behandelaars, wat grote voordelen heeft bij intensieve behandeltrajecten. De diëtist in de eerste lijn heeft juist een kortere lijn met de huisarts en kan wellicht beter inspelen op de thuissituatie.

Screening is een eerste signalering van het probleem ondervoeding. Belangrijk is dat na de screening de diëtist de diagnostiek van de voedingstoestand uitvoert volgens de stappen in de Dieetbehandelingsrichtlijn 'Ondervoeding'. Met de informatie over de voedingsinname in relatie tot de behoefte, de lichaamssamenstelling, laboratoriumgegevens en medische, sociale, functionele en psychische factoren wordt uiteindelijk de diëtistische diagnose vastgesteld. Op basis van deze diëtistische diagnose worden de behandeldoelen opgesteld en wordt de behandeling gestart. Op dit moment kan nogmaals de afweging worden gemaakt of de behandeling wordt uitgevoerd door een diëtist in de eerste lijn of door de diëtist van de polikliniek.

Figuur 3.4 SNAQ voor residential care. (Bron: Kruizenga et al. 2009)

*3.4.3 Screenen in verpleeg- en verzorgingshuizen: SNAQ^RC^*

Voor screening op ondervoeding in verpleeg- en verzorgingshuizen is de SNAQ^{RC} (Short Nutritional Assessment Questionnaire for Residential Care) beschikbaar (fig. 3.4; Kruizenga et al. 2009). Dit screeningsinstrument werkt met een zogeheten stoplichtscore: met de antwoorden op drie vragen en het meten van de BMI wordt de screeningsuitslag vastgesteld: rood = ondervoed, oranje = matige voedingstoestand, groen = geen ondervoeding.

3.4.3.1 Multidisciplinair behandelplan bij ondervoeding in verpleeg- en verzorgingshuizen

Op basis van de screeningsuitslag treedt het multidisciplinaire behandelplan in werking.

- Bij een SNAQ^{RC}-score 'groen' wordt aangenomen dat er geen sprake is van ondervoeding. Er hoeft geen voedingsinterventie te worden gestart. Eén keer per maand of kwartaal wegen is wel aanbevolen.
- Een SNAQ^{RC}-score 'oranje' staat voor matige ondervoeding. De patiënt krijgt energie- en eiwitrijke hoofdmaaltijden en tussentijdse verstrekkingen aangeboden. Globale monitoring van de voedselinname en één keer per maand wegen zijn aangewezen.
- Een SNAQ^{RC}-score 'rood' staat voor ondervoeding. Binnen drie werkdagen na screening schakelt de arts of verpleegkundige de diëtist in. De diëtist diagnosticeert de voedingstoestand, stelt multidisciplinair en met de patiënt behandeldoelen op en zet de behandeling in. De diëtist evalueert de behandeling vijf dagen na de start ervan.

3.4.4 Screenen in de eerstelijnszorg en thuiszorg: SNAQ^{65+}

Risicogroepen voor ondervoeding in de huisartspraktijk zijn patiënten met COPD, hartfalen, depressie, dementie, inflammatoire darmaandoeningen, reumatoïde artritis en decubitus. Verder behoren tot de risicogroepen mensen die ouder zijn dan 80 jaar en mensen die vereenzamen, die een slecht gebit hebben, die herstellen van een fractuur, die oncologische aandoeningen hebben, die veel medicijnen gebruiken en mensen die recent een ziekenhuisopname hebben gehad. Bij de groep patienten met chronische aandoeningen kan herkenning van ondervoeding opgenomen worden in de reguliere behandeling. Bij de andere risicogroepen dient de huisarts alert te zijn wanneer deze patiënten een beroep doen op huisartszorg.

Alle cliënten die een vorm van thuiszorg krijgen, behoren tot de risicogroep. Screenen op ondervoeding dient opgenomen te worden in de verpleegkundige anamnese bij de intake door de wijkverpleegkundige.

Voor de eerstelijnszorg en thuiszorg kan ondervoeding bij ouderen (>65 jaar) gesignaleerd worden met behulp van de SNAQ^{65+} (Short Nutritional Assessment Questionnaire for 65+; Wijnhoven et al. 2012) en bij volwassenen (18–65 jaar) met behulp van de BMI en het percentage onbedoeld gewichtsverlies.

De SNAQ^{65+} is ontwikkeld voor de groep ouderen die thuis woont en eventueel gebruikmaakt van de thuiszorg (fig. 3.5). Het instrument is snel en eenvoudig te gebruiken. In plaats van het berekenen van BMI is gekozen voor het meten van de bovenarmomtrek, omdat dit met name bij cliënten thuis gemakkelijker en betrouwbaarder kan worden uitgevoerd. Bovendien blijkt dat bij ouderen de bovenarmomtrek meer gerelateerd is aan mortaliteit dan BMI (Wijnhoven et al. 2010). De oranje groep is de groep met risico op ondervoeding. De twee bepalende vragen (een verminderde eetlust en functionaliteit) waren de meest voorspellende variabalen voor het ontstaan van ondervoeding (Schilp et al. 2011).

Figuur 3.5 SNAQ65+: SNAQ voor thuiswonende ouderen en revalidatiecentra. (Bron: Wijnhoven et al. 2012)

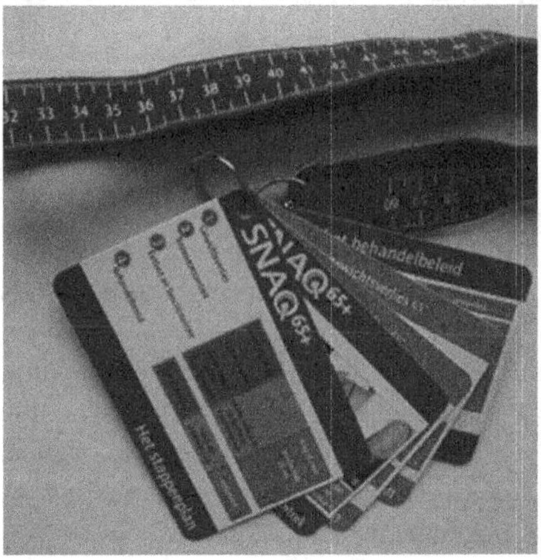

Wanneer de eerste vraag een 'rode score' geeft (ondervoed), dan hoeven de vervolgvragen niet te worden gesteld. Dit geldt ook voor de tweede vraag: als de bovenarmomtrek < 25 cm is, dan kan direct worden overgegaan naar stap 4: het behandelbeleid. Daarmee is de SNAQ^{65+} een snel en eenvoudig instrument om af te nemen. Het instrument bevat bovendien een aantal alternatieve vragen voor het geval cliënten niet weten of ze zijn afgevallen. Ook de vragen over eetlust en functionaliteit zijn uitgewerkt in het instrument.

3.4.4.1 Multidisciplinair behandelplan bij ondervoeding in de eerstelijnszorg en thuiszorg

Op basis van de screeningsuitslag treedt het multidisciplinaire behandelplan in werking.

- Bij de score 'groen' wordt aangenomen dat er geen sprake is van ondervoeding en hoeft er geen voedingsinterventie te worden gestart.
- Bij de score 'oranje' is sprake van risico op ondervoeding. De cliënt krijgt uitleg en krijgt een folder over energie- en eiwitrijke hoofdmaaltijden en tussentijdse verstrekkingen en het advies om zich regelmatig te wegen.
- De score 'rood' staat voor screeningsuitslag ondervoeding. Binnen één werkdag na screening schakelt de arts of verpleegkundige de diëtist in en binnen twee werkdagen nadat de cliënt is aangemeld, neemt de diëtist telefonisch contact op. De diëtist bepaalt de voedingstoestand, geeft een uitleg over de behandeling en een eerste globaal advies. Binnen vijf werkdagen na het telefonisch consult vindt een eerste consult plaats, waarin de diëtist een op de behoefte van de patiënt afgestemde eiwit- en energieverrijkte voeding adviseert. Evaluatie van de behandeling vindt binnen twee tot tien werkdagen na de start plaats.

3.4.5 Transmurale overdracht

De ligduur van patiënten in het ziekenhuis neemt steeds verder af. Dit betekent dat de mate waarin de voedingstoestand van patiënten kan verbeteren, beperkt is. Om deze reden is de overdracht ten behoeve van het nazorgtraject van belang. Op www.stuurgroepondervoeding.nl is een toolkit beschikbaar met onder andere een overdrachtsformulier. Optimaliseren van de transmurale samenwerking staat de komende jaren hoog op de agenda.

3.5 Implementatie in de praktijk

Hoewel de diëtist expert is op het gebied van ondervoeding, vraagt ondervoeding in alle sectoren van de gezondheidszorg een multidisciplinaire aanpak. Het advies is te zorgen voor een team waarin de belangrijkste disciplines zijn vertegenwoordigd. In ieder geval dienen een verpleegkundige, een arts en een diëtist deel uit te maken van het team. Afhankelijk van de sector kunnen daar andere vertegenwoordigers aan toegevoegd worden. In instellingen valt bijvoorbeeld te denken aan een voedingsassistente en een manager.

De eerste taak van het multidisciplinaire team is agendering van het onderwerp. Cijfers over prevalentie van ondervoeding, evenals kennis over de gevolgen van ondervoeding voor (behandeling van) de ondervoede patiënt dragen hieraan bij. Ook prestatie-indicatoren over herkenning en behandeling van ondervoeding zetten het onderwerp op de agenda.

Het multidisciplinaire team zal eerst een visie ('wat willen we bereiken?') en een strategie ('hoe gaan we dat aanpakken?') ontwikkelen. Op de website van de Stuurgroep Ondervoeding is hierover informatie te vinden (www.stuurgroepondervoeding.nl). Een checklist met onderwerpen waaraan in de voorbereiding aandacht moet worden besteed, is voor alle sectoren beschikbaar. Ook dient aandacht te worden besteed aan de randvoorwaarden: zijn bijvoorbeeld alle middelen voorhanden en beschikken professionals over de juiste kennis en vaardigheden of is eerst scholing nodig?

In de meeste sectoren in de zorg wordt niet alleen vroege herkenning en behandeling van ondervoeding aangepakt, maar spelen veel meer thema's. Het is zinvol om te onderzoeken wat er nog meer gaande is, zodat daarbij eventueel aangehaakt kan worden. Als men bijvoorbeeld ook bezig is met delier en vallen, dan sluit de aanpak van ondervoeding daarbij naadloos aan. Voor risicogroepen geldt hetzelfde: in de eerstelijnszorg is veel aandacht voor COPD, een risicofactor voor een slechte voedingstoestand. Ondervoeding is dan niet het volgende project, maar hoort bij de toenemende aandacht voor mensen met COPD.

Communicatie over ondervoeding en de aanpak ervan draagt ook bij aan agendering en kennisvermeerdering. Veel instellingen kiezen voor een aansprekend motto om de herkenbaarheid te vergroten bij het gebruik van verschillende media. Het is aan te bevelen om niet te kiezen voor één vorm, maar gebruik te maken van allerlei middelen: van nieuwsbrief tot poster, van gadget tot scholing en van het bespreken op het teamoverleg tot het (visueel) presenteren van resultaten en het vieren van successen.

Het multidisciplinaire team is ook verantwoordelijk voor de voortgang van de implementatie. De teamleden treden op als experts op het gebied van ondervoeding, maar zorgen ook voor het monitoren en terugkoppelen van de resultaten. Zo nodig spreken zij collega's aan en fungeren zij als voorbeeld voor anderen.

Tot slot is het van belang om te zorgen voor verankering van vroege herkenning en behandeling van ondervoeding in de normale werkwijze. De borgingsfase begint bij de start van de invoering van de verandering. Alles moet in het werk worden gesteld om uiteindelijk te komen tot verbeteringen die tot de nieuwe norm verheven worden.

Leidinggevenden spelen hierbij een cruciale rol. Ze hebben verschillende mogelijkheden om veranderingen te bewerkstelligen. Het is van belang dat, zo nodig per doelgroep, wordt bepaald welke strategie het beste te gebruiken is. Een strategie geeft namelijk richting aan de keuze van de middelen. De strategieën zijn:

- *facilitering*: het bieden van ondersteuning aan professionals die al tot invoering bereid zijn;
- *educatie*: het aanbieden van informatie en het bieden van een rationele basis voor de beslissing om van werkwijze te veranderen;
- *overtuiging*: het krachtig naar voren brengen van een bepaalde mening, het uitoefenen van druk en het belonen van het gewenste gedrag;
- *dwang*: het bewerkstelligen van veranderingen via regels en sancties van buitenaf.

De keuze van de strategie hangt samen met de bereidheid tot verandering van de doelgroep. In het algemeen zijn educatieve en faciliterende strategieën meer op hun plaats als een doelgroep gemotiveerd is voor de verandering. Naarmate de houding van de doelgroep meer afhoudend is, zijn overtuigender benaderingen en enige dwang nodig.

3.6 Aanbevelingen voor de praktijk

In het project 'Vroege herkenning en behandeling van ondervoeding in Nederlandse ziekenhuizen' is onderzocht welke succesfactoren bijdragen aan het realiseren van de doelstellingen. Tevens is een aantal aandachtspunten genoemd. Deze factoren zijn meestal ook van toepassing in andere sectoren.

Succesfactoren bleken het (elektronisch) digitaal verpleegkundig dossier, protocollaire verwijzing, heldere multidisciplinaire taakverdeling, aandacht voor kennisoverdracht, geschoolde voedingsassistenten en een optimaal assortiment maaltijden en tussentijdse verstrekkingen.

Aandachtspunten zijn de logistiek van screenen, verwijzen en behandelen; het missen van maaltijden en tussentijdse verstrekkingen ten gevolge van onderzoeken, operaties en dergelijke waardoor de inname achterblijft bij de behoefte; het behandelplan bij een slechte eetlust en misselijkheid; het tijdig starten met sondevoeding en ten slotte het kennisniveau van de betrokkenen (Leistra et al. 2014).

Achtergrondinformatie

Op de website www.stuurgroepondervoeding.nl is meer te lezen over de verschillende projecten om vroege herkenning en behandeling van ondervoeding te implementeren in de ziekenhuizen, de verpleeg- en verzorgingshuizen en in de eerstelijnszorg en thuiszorg. Op deze site zijn ook tools te vinden die gebruikt kunnen worden bij de implementatie van screening op ondervoeding.

Literatuur

Bally, M. R., Yildirim, P. Z. B., Bounoure, L., Gloy, V. L., Mueller, B., Briel, M., & Schuetz, P. (2016). Nutritional support and outcomes in malnourished medical inpatients. *JAMA Internal Medicine, 176*(1), 43–53.

Bokhorst-De van der Schueren, M. A. E., van, Guaitoli, P. R., Jansma, E. P., & Vet, H. C. W., de. (2014). Nutrition screening tools: does one size fit all? A systematic review of screening tools for the hospital setting. *Clinical Nutrition, 33*(1), 39–58.

Correia, M. I. & Waitzberg, D. L. (2003). The impact of malnutrition on morbidity, mortality, length of hospital stay and costs evaluated through a multivariate model analysis. *Clinical Nutrition, 22*(3), 235–239.

Elia, M., Zellipour, L., & Stratton, R. (2005). To screen or not to screen for adult malnutrition? *Clinical Nutrition, 24*(6), 867–884.

Elia, M. (2003). *The "MUST" report. Nutritional screening for adults: a multidisciplinary responsibility. Development and use of the "Malnutrition Universal Screening Tool" ("MUST") for adults*. A report by the Malnutrition Advisory Group of the British Association for Par. Redditch, England.

Gallagher-Allred, C. R., Voss, A. C., Finn, S. C., & McCamish, M. A. (1996). Malnutrition and clinical outcomes: the case for medical nutrition therapy. *Journal of the American Dietetic Association, 96*(4), 361–369.

Haverkort, E. B., Haan, R.J., de, Binnekade, J.M., & Bokhorst-De van der Schueren, M. A. E., van. (2012). Self-reporting of height and weight: Valid and reliable identification of malnutrition in preoperative patients. *The American Journal of Surgery, 203*(6), 700–707. Available from: http://dx.doi.org/10.1016/j.amjsurg.2011.06.053.

Jonkers, C., Kouwenoord, K., & Kruizenga, H. (2011). *Richtlijn Screening en behandeling van ondervoeding*. Stuurgroep Ondervoeding.

Kruizenga, H. M., Wierdsma, N. J., Bokhorst-De van der Schueren van, M. A. E., Hollander, H. J., Jonkers-Schuitema, C. F., et al. (2003). Screening of nutritional status in The Netherlands. *Clinical Nutrition, 22*(2), 147–152.

Kruizenga, H. M., Seidell, J.C., Vet, H. C. W. de, Wierdsma, N. J., & Bokhorst-De van der Schueren, M. A. E., van. (2005). Development and validation of a hospital screening tool for malnutrition: The short nutritional assessment questionnaire (SNAQ©). *Clinical Nutrition, 24*(1), 75–82.

Kruizenga, H. M., Vet, H. C. W. de, Marissing, C. M. E. van, Stassen, E. E. P. M., Strijk, J. E., Bokhorst-De van der Schueren, M. A. E. van, et al. (2009). The SNAQRC, an easy traffic light system as a first step in the recognition of undernutrition in residential care. *Journal of Nutrition, Health and Aging, 14*(2), 83–89.

Kruizenga, H. M., Keeken, S., van, Weijs, P., Bastiaanse, L., Beijer, S., Huisman-de Waal, G., et al. (2016a). Undernutrition screening survey in 564.063 patients: patient with a positive undernutrition screening score stay in hospital 1.4 day longer. *The American Journal of Clinical Nutrition*, online gepubliceerd.

Kruizenga, H., Keeken, S. van, Weijs, P., Bastiaanse, L., Beijer, S., Huisman-de Waal, G., et al. (2016b). Undernutrition screening survey in 564,063 patients: patients with a positive undernutrition screening score stay in hospital 1.4 d longer. *The American Journal of Clinical Nutrition* Epub ahead of print.

Leistra, E., Neelemaat, F., Evers, A. M., Zandvoort, M. H. W. M. van, Weijs, P. J. M., Bokhorst-De van der Schueren, M. A. E. van, et al.(2009). Prevalence of undernutrition in Dutch hospital outpatients. *European Journal of Internal Medicine, 20*(5), 509–513.

Leistra, E., Langius, J. A. E., Evers, A. M., Bokhorst-De van der Schueren, M. A. E. van, Visser, M., Vet, H. C. W. de, et al.(2013). Validity of nutritional screening with MUST and SNAQ in hospital outpatients. *European Journal of Clinical Nutrition Nature Publishing Group, 67*(7), 738–742.

Leistra, E., Bokhorst-De van der Schueren, M. A. E. van, Visser, M., Hout, A. van der, Langius, J. A. E., & Kruizenga, H. M. (2014). Systematic screening for undernutrition in hospitals: predictive factors for success. *Clinical Nutrition*, *33*(3), 495–501.

Neelemaat, F., Kruizenga, H. M., Vet, H. C. W. de, Seidell, J. C., Butterman, M., & Bokhorst-De van der Schueren, M. A. E. van. (2008). Screening malnutrition in hospital outpatients. Can the SNAQ malnutrition screening tool also be applied to this population? *Clinical Nutrition*, *27*(3), 439–446.

Rubenstein, L. Z., Harker, J. O., Salvà, A., Guigoz, Y., & Vellas, B. (2001). Screening for undernutrition in geriatric practice developing the short-form mini-nutritional assessment (MNA-SF). *The Journals of Gerontology Series A: Biological Sciences and Medical Sciences*, *56*(6), M366–M372.

Schilp, J., Wijnhoven, H. A. H., Deeg, D. J. H., & Visser, M. (2011). Early determinants for the development of undernutrition in an older general population: Longitudinal Aging Study Amsterdam. *British Journal of Nutrition*, *106*(05), 708–717.

Scholte, R., & Lammers, M. K. I. (2015). De waarde van diëtetiek bij ondervoede patiënten in het ziekenhuis. Amsterdam: SEO Economisch onderzoek.

Schueren, M. A. E., de van der, Wijnhoven, H. A. H., Kruizenga, H. M., & Visser, M. (2015). A critical appraisal of nutritional intervention studies in malnourished, community dwelling older persons. *Clinical Nutrition*, online pub.

Shahin, E. S. M., Meijers, J. M. M., Schols, J. M. G. A., Tannen, A., Halfens, R. J. G., & Dassen, T. (2010). The relationship between malnutrition parameters and pressure ulcers in hospitals and nursing homes. *Nutrition*, *26*(9), 886–889.

Valente da Silva, H. G., Santos, S. O., Silva, N. O., Ribeiro, F. D., Josua, L. L., & Moreira, A. S. B. (2012). Nutritional assessment associated with length of inpatients hospital stay. *Nutrición Hospitalaria*, *27*(2), 542–547.

Wijnhoven, H. A. H., Bokhorst-De van der Schueren, M. A. E. van, Heymans, M. W., Vet, H. C. W. de, Kruizenga, H. M., Twisk, J. W., et al. (2010). Low mid-upper arm circumference, calf circumference, and body mass index and mortality in older persons. *Journals of Gerontology. Series A: Biological Sciences and Medical Science*, *65*(10), 1107–1114.

Wijnhoven, H. A. H., Schilp, J., Bokhorst-de van der Schueren, M. A. E. van, Vet, H. C. W. de, Kruizenga. H. M., Deeg, D. J. H., et al. (2012). Development and validation of criteria for determining undernutrition in community-dwelling older men and women: The Short Nutritional Assessment Questionnaire 65+. *Clinical Nutrition*, 31(3), 351–358. Available from: http://dx.doi.org/10.1016/j.clnu.2011.10.013.

Hoofdstuk 4
Voeding en immunologie

Augustus 2016

E. Claassen en E. Pronker

Samenvatting De mens wordt voortdurend blootgesteld aan de bedreigingen van ziekmakende stoffen, levende ziekteverwekkers uit de buitenwereld en afwijkende cellen in het lichaam zelf. Om die te bestrijden is het immuunsysteem ontwikkeld. Immuniteit is gedefinieerd als de weerstand van het lichaam tegen specifieke infecterende bestanddelen (pathogenen). Het immuunsysteem kan worden onderverdeeld in twee interactieve systemen: aangeboren (niet-specifieke) en verworven (specifieke) afweermechanismen. Beide systemen maken ongewenste indringers onschadelijk door middel van een ontstekingsreactie. Er zijn vier fasen: herkenning, acute cellulaire respons, chronische cellulaire respons en resolutie. Het lichaam reageert echter niet altijd adequaat: er treedt een immuunrespons op terwijl dat niet nodig is of de immuunrespons is veel te sterk. Er is dan sprake van overgevoeligheid, allergie of auto-immuniteit. Het immuunsysteem ondergaat gedurende het leven allerlei veranderingen. Ook de leefstijl en verschillende aandoeningen zijn hierop van invloed. De samenstelling van de voeding is belangrijk voor het behoud van een actief en specifiek immuunsysteem. De vatbaarheid voor ziekten wordt door de algehele voedingstoestand van het individu beïnvloed en een volwaardig dieet bevat alle benodigde macro- en micronutriënten. Variaties hierin beïnvloeden de natuurlijke werking van de immuunrespons.

4.1 Inleiding

Het thema immunologie en voeding bevat een enorm scala aan wetenschappelijke onderwerpen die betrekking hebben op de invloed van voeding op normale en afwijkende immuunresponsen. Het gaat dan voornamelijk om infectieuze agentia,

E. Claassen (✉)
Erasmus Medisch Centrum, Rotterdam, The Netherlands
Athena Instituut VU Amsterdam, Amsterdam, The Netherlands

E. Pronker
Athena Instituut VU Amsterdam, Amsterdam, The Netherlands

M. Former, G. van Asseldonk, J. Drenth, J. van Duinen (Red.), *Informatorium voor Voeding en Diëtetiek*, DOI 10.1007/978-90-368-1259-7_4

maag-darm(patho)fysiologie, immunopathologie (auto-immuunziekten, reuma, allergie), tumorimmunologie en transplantatie-immunologie. In de afgelopen tien jaar heeft de wetenschap enorme sprongen gemaakt, leidend tot een substantiële toename van fundamentele kennis en inzicht in deze gebieden.

Dit hoofdstuk heeft als doel te informeren, door een beknopte samenvatting te geven van een keuze uit relevante onderwerpen met betrekking tot voeding en immunologie. Eerst wordt het immuunsysteem beschreven van organisme tot cellulair niveau. Daarna wordt het effect van voeding op het immuunsysteem beschreven. Bij de verwijzingen naar de literatuur is gekozen voor de meest recente publicaties met een goede toegankelijkheid.

4.2 Immunologie en afweer

Hoewel het vermoeden dat goede voeding van belang is bij de afweer tegen infecties al lang bestaat, is basaal wetenschappelijk onderzoek hiernaar van recente datum. Onderzoek bij dieren en mensen toont een zeer sterk verband aan tussen voeding en nutriëntinneming enerzijds en een adequate (gewenste!) immuunrespons anderzijds. Ondervoeding of een deficiëntie in bepaalde voedingsstoffen leidt tot een verstoring van de immuunrespons van het individu (denk ook aan allergie en auto-immuniteit), waardoor de reactie tegen ziekteverwekkers of kanker kan verminderen of veranderen (Wintergerst et al. 2007).

Vanaf zijn geboorte is de mens blootgesteld aan de bedreigingen van ziekmakende stoffen, levende ziekteverwekkers uit de buitenwereld en afwijkende cellen in het lichaam zelf. Als gevolg van een selectieve evolutionaire druk is het immuunsysteem ontwikkeld om infectieziekten te bestrijden. Immuniteit is gedefinieerd als de weerstand van het lichaam tegen specifieke infecterende bestanddelen (pathogenen). Er zijn drie verschillende manieren om immuniteit te creëren (Coico et al. 2003).

Actieve immuniteit:
een pathogeen (levend of stukjes ervan) wordt toegediend aan een individu voor een immuunreactie, bijvoorbeeld vaccinatie of een natuurlijke confrontatie tussen individu en pathogeen.

Passieve immuniteit:
antilichamen (ook afweerstoffen of immuunglobulinen) voor een specifiek pathogeen worden overgedragen van een geïmmuniseerd individu naar een niet-geïmmuniseerd individu, bijvoorbeeld van moeder naar foetus.

Adoptief-immunisatie:
immuniteit wordt overgedragen door middel van geactiveerde immuuncellen van een geïmmuniseerd individu naar een niet-geïmmuniseerd individu, bijvoorbeeld beenmergtransplantatie.

Het immuunsysteem kan worden onderverdeeld in twee interactieve systemen: aangeboren (niet-specifieke) en verworven (specifieke) afweermechanismen (fig. 4.1 en tab. 4.1). De twee takken van het immuunsysteem maken, ieder

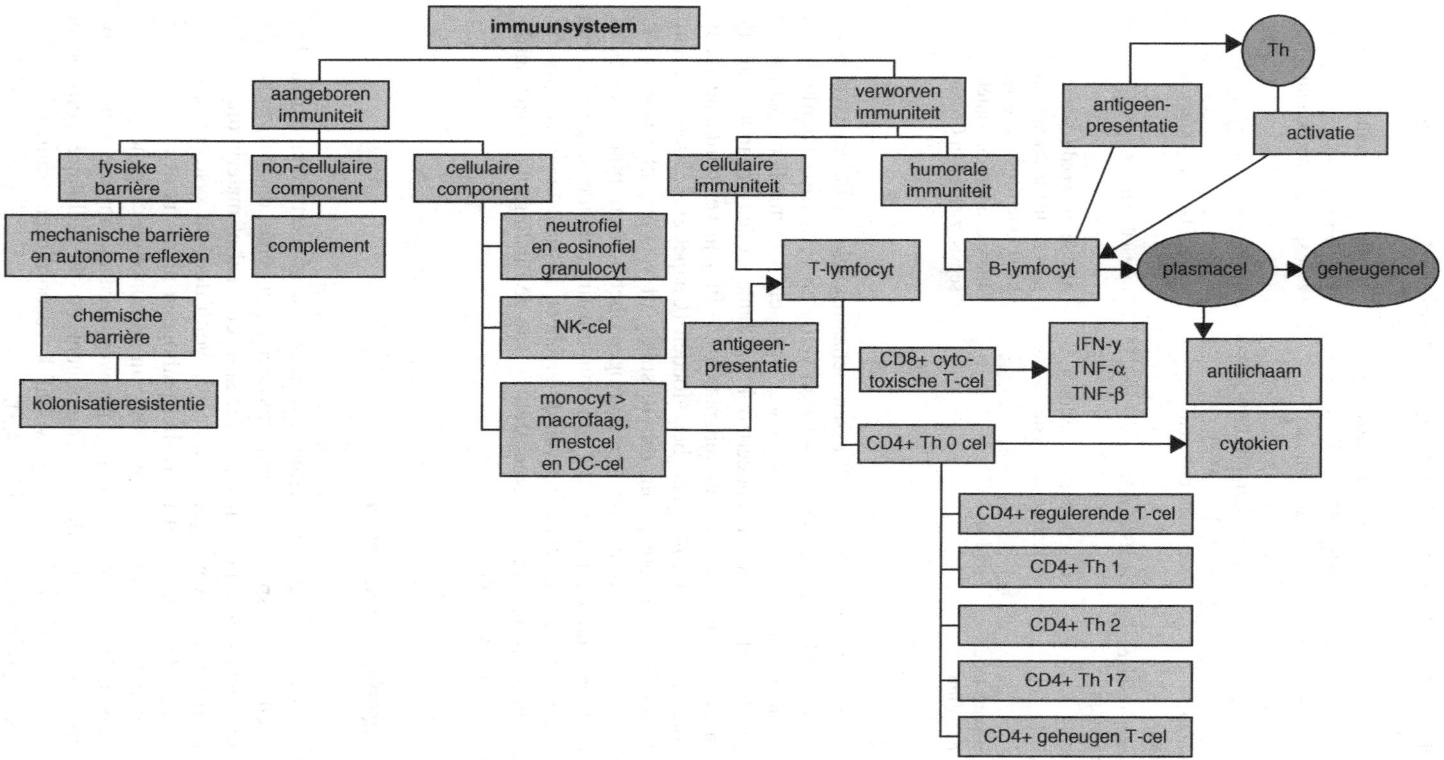

Figuur 4.1 Schematische voorstelling van het immuunsysteem van de mens (aangepast naar Wintergerst et al. 2007). *CD* cluster van differentiatie, *IFN* interferon, *NK* natuurlijke killercellen, *Th* T-helperlymfocyten, *DC* dendritische cel, *TNF* tumornecrosefactor.

Tabel 4.1 Enkele relevante voorbeelden van verschillen tussen de twee takken van het immuunsysteem.

	aangeboren immuniteit (niet-specifiek)	verworven immuniteit (specifiek)
specifiek voor ziekteverwekker	soms, meestal niet	zeer specifieke herkenning
barrièrefunctie	huid, slijm, pH, lysozymen, hoesten, slikken	nauwelijks
eerste herkenning ziekteverwekker	zeer snel (minuten)	relatief langzaam (uren tot dagen)
herkenning lichaamseigen en -vreemde stoffen	meestal niet	meestal wel
geheugen	tweede contact verloopt hetzelfde als eerste	reactie na tweede contact gaat sneller en kwantitatief en kwalitatief (rijping) beter
ongewenste respons tegen lichaamseigen stoffen	zelden	allergie, auto-immuniteit, sepsis, ziekte van Crohn enz

op hun eigen manier, een onderscheid tussen lichaamseigen en lichaamsvreemde cellen. Simpel gezegd is dat een verschil tussen veilig en gevaarlijk. Hierdoor kan het immuunsysteem indringers zoals bacteriën, virussen, schimmels en parasieten efficiënt bestrijden. Het systeem reageert ook op kankercellen en andere afwijkende stoffen of materie (bijv. orgaantransplantatie). Er zijn verschillende factoren die de potentie van het pathogeen beïnvloeden (Chapel et al. 2006): de aard van het molecuul (grootte, oorsprong (eiwit, suiker of vet) en oplosbaarheid in vet of water), de dosis, de route (hoe het pathogeen het lichaam binnenkomt), of het pathogeen hulpmiddelen heeft (bijv. een immuunstimulerende hulpstof in een vaccin) en de genetische samenstelling van de gastheer. Dit laatste betreft bijvoorbeeld individuele verschillen in de samenstelling van de bindingsplaats van antilichamen en/of T-celreceptoren.

4.2.1 Aangeboren immuniteit

Het menselijk lichaam heeft verscheidene aangeboren afweermechanismen. Die worden tezamen het niet-specifieke immuunsysteem genoemd, dat wil zeggen dat ze gericht zijn tegen iedere lichaamsvreemde stof: elke cel of materie die niet als lichaamseigen (of veilig) wordt geïdentificeerd, wordt door dit systeem aangevallen en vernietigd. Het maakt niet uit of het pathogeen nieuw is of al eerder een aanval heeft gepleegd. Er is dus geen opbouw van immunologisch geheugen.

Het niet-specifieke immuunsysteem is ruwweg verdeeld in drie groepen: de fysieke component, de niet-cellulaire component en de cellulaire component (fig. 4.1). Alle componenten werken gewoonlijk gecoördineerd samen, bijvoorbeeld tijdens een ontstekingsreactie (par. 4.3).

4.2.1.1 Fysieke component

De fysieke component is onderverdeeld in een mechanische en een chemische barrière. De mechanische barrière omvat, behalve de vrijwel ondoordringbare huid, delen van organen die direct in contact staan met de buitenwereld: de epitheliale oppervlakte van de buisvormige organen (zoals luchtwegen, maag-darmkanaal en urinewegen). Deze organen hebben autonome reflexen die de pathogenen kunnen verdrijven, bijvoorbeeld trilharen of het slikken of niezen om de luchtwegen vrij te maken. De mechanische barrière wordt bijgestaan door een chemische barrière, in de vorm van slijm, tranen, zweet, speeksel, maagzuur, urine, gal en darmvocht die een antibacteriële werking uitoefenen. Als een van deze barrières wordt doorbroken, komen zowel de niet-cellulaire als de cellulaire componenten in actie.

Er wordt geschat dat er meer dan honderdduizend miljard organismen in de darm wonen, één tot anderhalve kilo in een volwassen mens. De inhoud van de darm is eigenlijk 'buitenwereld', maar staat via de darmwand continu indirect in contact met het hele lichaam. Toch kunnen de bacteriën zich hier niet ongebreideld vermenigvuldigen. Dit komt door het zogenaamde 'vollebusprincipe': als de darm gevuld is met voedingsstoffen en een relatief groot percentage 'goede' bacteriën, dan wordt het voor indringers moeilijk zich te vermenigvuldigen door de competitie om voeding en aanhechtingsplaatsen aan het epitheel en door het gebrek aan een ecologische niche. Alle nieuwkomers, goed en slecht, worden op deze manier benadeeld, maar voor de gastheer is het belangrijk dat met name de ziekteverwekkers niet kunnen groeien en vervolgens een probleem geven. Dit mechanisme wordt ook wel kolonisatieresistentie genoemd.

Melkzuurbacteriën in de darm produceren behalve het bekende melkzuur nog meer dan twintig andere stoffen, met antimicrobiële, antivirale en antifungale activiteit (fig. 4.2). Onder normale omstandigheden is er een toestand van homeostase tussen het lichaam en de microbiota; de relatie tussen beide partijen is voordelig maar ook complex. De darm levert een enigszins beperkte voeding voor de microbiota en in ruil daarvoor dragen de microbiota bij aan de ontwikkeling van het mucosale (slijmvliesgebonden) immuunsysteem, de bewerking van de voeding, de splitsing van eiwitten, het metabolisme van suikers en de opslag van vetten. Verschillende groepen bacteriën bewonen specifieke delen van het maag-darmkanaal (Stecher en Hardt 2008). In een gezond mens komen tussen de vierhonderd en zeshonderd verschillende bacteriën voor. Deze residente microbiota (de zgn. commensalen), verworven vanaf de geboorte door borstvoeding en feco-orale besmetting, worden door het afweersysteem getolereerd en blijven stabiel, als een soort vingerafdruk, aanwezig. De homeostase in het maag-darmkanaal is gevoelig voor genetische factoren en invloeden vanuit de omgeving, in het bijzonder voeding (Kelsall 2008).

De toxische stoffen en andere metabolieten van de microbiota hebben ook nog andere effecten; zo heeft boterzuur effect op de motiliteit van de darmwand en op het immuunsysteem. Vooral de hoeveelheid en functie van 'natural killer'-cellen (NK-cellen) kan direct door korteketenvetzuren in positieve zin beïnvloed worden.

Indien de dikke darm chirurgisch verwijderd moet worden, zoals bij dikkedarmkanker of de ziekte van Crohn, wordt steeds vaker een kunstmatige ruimte

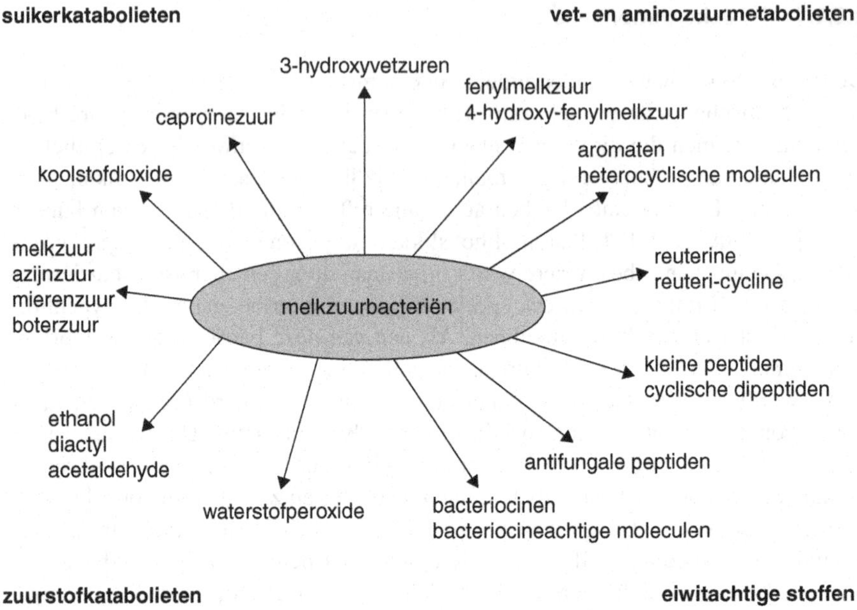

Figuur 4.2 Productie van toxische stoffen door melkzuurbacteriën in de darm.

gevormd in de dunne darm. Deze zak, 'pouch' genoemd, dient als een reservoir om de dunnedarminhoud voor het verlaten van het lichaam een dikkedarm-achtige omgeving (onttrekken van water, inactiveren enzymen) te bieden. In veel gevallen treedt er echter een ontsteking van de pouch op (zgn. pouchitis), dit gebeurt zo'n vier tot zeven keer per jaar per patiënt. Enige jaren geleden toonde een Italiaanse groep in een uitgebreid gecontroleerd klinisch onderzoek aan dat een mengsel van melkzuurbacteriën (VSL3) een enorme reductie (80–90 %) van het aantal gevallen van pouchitis gaf. Dit ging hand in hand met een vermindering van de veroorzakende ziekteverwekkers in de pouch. Onlangs liet een onderzoeksgroep uit Rotterdam zien dat soortgelijke resultaten ook behaald konden worden met veel goedkopere en simpelere (slechts twee stammen) probiotica die als 'versterkte' yoghurtdrank gewoon in de winkel te koop zijn (Gosselink et al. 2004). Dit is een duidelijke indicatie voor de aanname dat de microbiota in de darm alleen naar behoren werkt als er een balans is tussen de altijd aanwezige goede en slechte organismen.

De normale barrièrefunctie van de darm werkt uitstekend, behalve bij stress en trauma zoals bij een breedspectrum antibioticumbehandeling. Hierbij verdwijnen namelijk ook veel van de commensale darmbewoners en daardoor krijgen ziekteverwekkers zoals *Clostridium* een kans om zich te vestigen en te vermenigvuldigen in de ontstane ecologische niche. Vervolgens beschadigen de toxinen de onderliggende cellen, hetgeen meestal resulteert in waterige ontlasting. Bovendien kan er extravasatie van bloedcellen optreden en, in omgekeerde richting, invasie van bacteriën en toxinen naar de bloedbaan. Hierdoor kunnen voedselantigenen in direct contact komen met het immuunsysteem en kunnen allergische reacties ontstaan. Beschadiging van de darmmucosa treedt bijvoorbeeld ook op bij psychologische stress, slechte voeding, dehydratie en bij extreme vormen van duursport. Ook in dit geval is er vaak eerst diarree en treden later allerlei allergische reacties op tegen voedingscomponenten uit het darmlumen die normaal gesproken verdragen worden. Het is al langere tijd bekend dat nabehandeling (na bijv. antibioticagebruik) met melkzuurbacteriën, de diarree en eventuele overgroei met *Clostridium* kan remmen en/of voorkomen. De afgelopen jaren is in gerandomiseerde dubbelblinde, placebogecontroleerde en cross-over onderzoeken bij mensen ook aangetoond dat met sommige probiotische melkzuurbacteriën de intestinale barrièrefunctie gestabiliseerd kan worden waardoor de permeabiliteit en/of lekkage weer verdwijnt en de gastro-intestinale symptomen afnemen (meta-analyses in McFarland 2006; Szajewska et al. 2007).

4.2.1.1.1 Patroonherkenningsreceptoren

In het aangeboren immuunsysteem zijn verschillende receptoren aanwezig die patronen herkennen, de zogenaamde patroonherkenningsreceptoren (PPR). Een subklasse hiervan zijn de 'toll-like' receptoren (TLR) (Palsson-McDermot en O'Neill 2007). De TLR's kunnen vele pathogeengeassocieerde moleculaire patronen (PAMPS), die wel op ziekteverwekkers en niet op gastheercellen voorkomen, herkennen. Hierdoor is een vroeg onderscheid mogelijk, een soort waarschuwingssysteem, voor vriend en vijand. Onlangs is aangetoond dat de commensalen (vaste darmbacteriën) in staat zijn de expressie van TLR's op de epitheliale darmcellen te onderdrukken. Dit helpt om ongewenste overstimulatie (zoals bij voedselallergie) te voorkomen.

4.2.1.2 Niet-cellulaire component

De snelste afweerreactie is meestal de niet-cellulaire component, in samenwerking met de cellulaire component. De niet-cellulaire component bestaat uit chemische boodschappers, bijvoorbeeld in de vorm van het complementsysteem. Dit zeer snelle en krachtige systeem bestaat uit een serie onderling gerelateerde eiwitten die iedere niet-lichaamseigen stof markeren voor het immuunsysteem. Dit mechanisme heet opsonisatie. Opsonisatie houdt simpel gezegd in dat het pathogeen bedekt wordt met complement en niet meer kan 'bewegen'. Het complex wordt herkend en vervolgens afgevoerd of vernietigd.

De complementfactoren die zich binden aan de indringer ondergaan hierdoor een structurele verandering. Deze structureel nieuwe vorm wordt herkend door de receptoren van de cellulaire component, die hierdoor geactiveerd worden (Ramaglia et al. 2007).

4.2.1.3 Cellulaire component

De cellulaire component bestaat uit verschillende granulocyten, macrofagen, NK-cellen en dendritische cellen (DC).

De granulocyten vernietigen het slachtoffer met onder andere enzymen, peroxide, superoxide en vrije radicalen.

Macrofagen en DC vernietigen de materie meestal slechts gedeeltelijk en presenteren de overgebleven deeltjes nog op de celmembraan. Dit is een vorm van communicatie tussen de componenten van het immuunsysteem: een geladen receptor toont aan dat er een indringer in het lichaam is. Na dit proces wordt het pathogeen, of de immuunrelevante delen hiervan, een antigeen genoemd.

NK-cellen hebben een ander mechanisme om de bacterie of tumorcel te vernietigen. Door direct contact te maken met de indringer kan de NK-cel cytotoxische stoffen aanmaken (bijv. perforine) en aanleiding geven tot zogenaamde 'geprogrammeerde zelfmoord', ook wel apoptose genoemd (Chapel et al. 2006).

4.2.2 Verworven immuniteit

In tegenstelling tot de aangeboren afweer is de verworven, of specifieke, afweer speciaal gericht tegen bepaalde lichaamsvreemde stoffen. Voor elke nieuwe indringer wordt steeds opnieuw een op maat gesneden reactie opgebouwd. Dit wordt 'verworven' afweer genoemd omdat de reactie op de vreemde stof verbetert na elke blootstelling; dit is de belangrijke geheugenfunctie (tab. 4.1).

Het specifieke afweersysteem bestaat uit twee onderdelen: de cellulaire en humorale immuniteit (fig. 4.1). Beide vormen maken gebruik van het lymfoïde systeem. Dit systeem bestaat uit de witte bloedcellen (lymfocyten) en orgaangebonden elementen die elkaar wederzijds beïnvloeden.

- Primaire lymfoïde organen waar de cellen ontstaan uit stamcellen en rijpen, zijn onder andere de foetale lever, het beenmerg en de thymus, secundaire lymfoïde organen zijn met name de tonsillen, de Peyerse platen, de appendix, de milt en de lymfeklieren.
- De secundaire lymfoïde organen bieden een optimaal microklimaat als ontmoetingsplaats tussen pathogeen en lymfocyt, en fungeren ook vaak als productieplaats van de specifieke, verworven immuniteit.

Bij de specifieke immuniteit spelen drie soorten cellen een hoofdrol: B-lymfocyten (gerijpt in het beenmerg), T-lymfocyten (gerijpt in de thymus) en AP-cellen (APC: antigeenpresenterende cellen, zoals DC en macrofagen). B- en T-cellen hebben op hun celmembraan receptoren die specifiek één soort pathogeen herkennen, terwijl APC's ook PAMPS, PRR en TLR's kunnen aanspreken om een scala van pathogeenstructuren te herkennen.

Het rijpen van B- en T-cellen (fig. 4.3) is ingewikkeld en dit proces wordt uitgebreid behandeld in Bender (2007) en Chapel (2006). Kort samengevat: lymfocyten

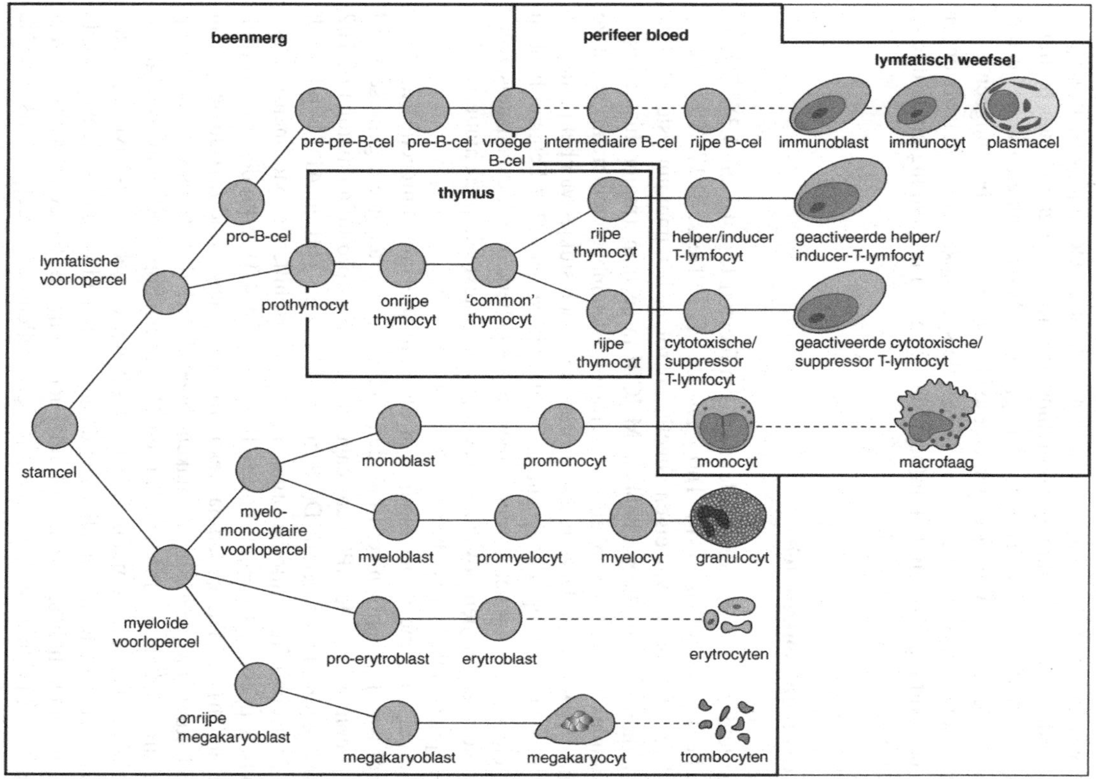

Figuur 4.3 Schematische illustratie van de rijping en differentiatie van verschillende cellulaire componenten. (Uit: Chapel et al. 2006)

rijpen tot volwassen status, door een zeer nauwkeurig selectieproces, in de primaire lymfoïde organen (beenmerg en thymus), waarna ze migreren naar perifere, secundaire lymfoïde organen. Tijdens de migratie en het verzamelen in de secundaire organen kunnen de B- en T-cellen worden blootgesteld aan het antigeen.

Het onderscheid tussen cellulaire en humorale specifieke immuniteit zit onder andere in de soort receptor op de lymfocyt, de wijze van herkenning en de uiteindelijke wijze van reactie.

4.2.2.1 Cellulaire immuniteit

Simpel gesteld zijn er vele verschillende T-lymfocyten (fig. 4.1 en 4.3), CD8+-cytotoxische T-cellen (Tc), CD4+-Th0, -Th1 en -Th2, Tregs, Th17, Th25 enzovoort. Iedere T-cel heeft een eigen functie en rol in het immuunsysteem. Alle cellen van het afweersysteem hebben MHC-II-moleculen (major histocompatibility complex type 2), verankerd in de fosfolipidendubbelmembraan, zodat ze elkaar kunnen herkennen. Deze receptor presenteert ook stukjes van het pathogeen of antigeen (structurele epitopen) aan de T-cel. Alle cellen in het lichaam hebben MHC-I-moleculen, zodat het afweersysteem hen kan herkennen als lichaamseigen. MHC-I-moleculen kunnen ook betrokken zijn bij contextuele presentatie van bijvoorbeeld epitopen van virussen.

De Th0-cel coördineert het begin van de cellulaire immuunreactie (fig. 4.4). De Th0-cel wordt geconfronteerd met een stukje van het antigeen, gepresenteerd in MHC-II-context van de APC, en reageert door Th1 (pro-inflammatoir) of Th2 (anti-inflammatoir) te activeren. Deze interactie tussen Th0 en APC vindt vaak plaats in de secundaire lymfoïde organen. Door verschillende cytokinen (chemische boodschappers; cyto = cel, kine = bewegen; fig. 4.4) te produceren worden nabijgelegen Th1- of Th2-cellen aangestuurd. Het is nog altijd niet duidelijk wat de Th0-cel stuurt om de keuze te maken, hoewel Th1 doorgaans een reactie op intracellulaire prikkels of organismen is en Th2 meestal op extracellulaire organismen of prikkels. Ook is het niet precies duidelijk hoe de geheugen-T-lymfocyt ontstaat, maar deze cel kan, afhankelijk van de aanwezigheid van het antigeen, enkele jaren in het gehele lichaam (ook de huid!) actief blijven. Bij een tweede contact met dit antigeen (secundaire respons) zijn deze cellen dus direct beschikbaar. Na deling kunnen zij sneller de gewenste vorm van immuniteit, en vaak in een veel sterkere vorm, bewerkstelligen. Ongewenste uitingen van geheugen kunnen leiden tot milde of ernstige vormen van allergie (dermatitis, eczeem of astma) of auto-immuniteit; ongewenste immuniteiten dus. Th1-cellen produceren onder andere IFN en IL-2, cytokinen die de cellulaire immuniteit bevorderen. Deze cytokinen stimuleren voornamelijk Tc, macrofagen, NK- en B-cellen. Tc-cellen kunnen alleen geactiveerd worden door APC's in combinatie met actieve Th1-cellen. Eenmaal geactiveerd, ontstaat een populatie (kloon) van gesensibiliseerde (specifiek voor het antigeen) T-cellen die in staat zijn rechtstreeks contact te maken met het antigeen. Deze kunnen nu bijvoorbeeld zeer effectief de geïnfecteerde cel of indringer elimineren. NK-cellen worden extra potent door het cytokine IL-2. Macrofagen

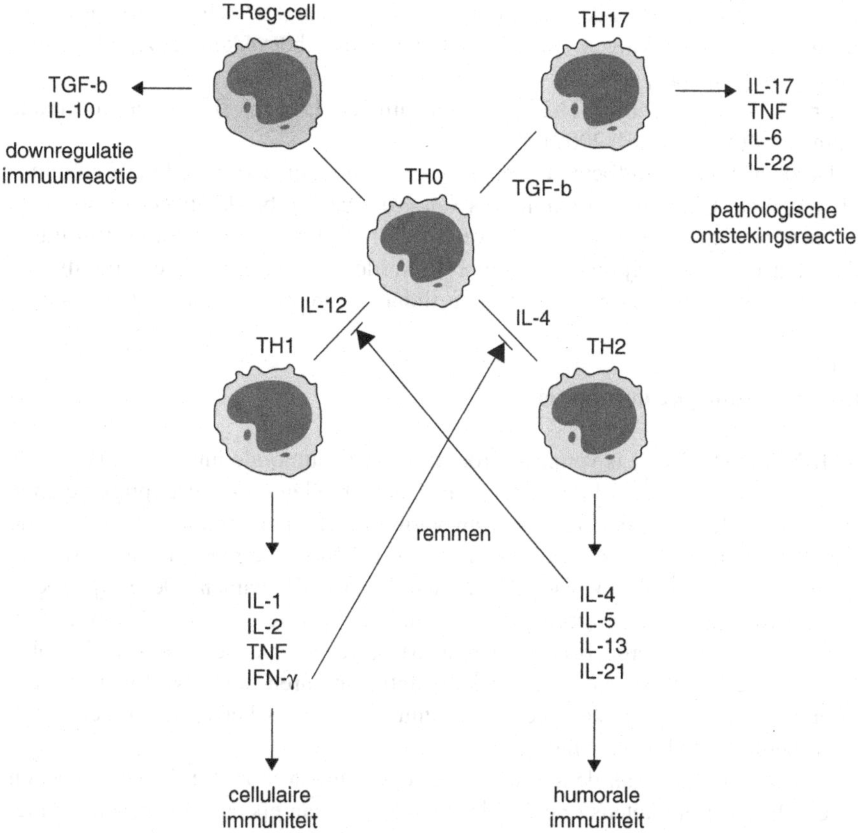

Figuur 4.4 Schematische voorstelling van het verschil tussen Th1- en Th2-cellulaire immuniteit. Ook T-Reg- en Th17-cellen zijn weergegeven. (Naar: Chapel et al. 2006, geactualiseerd met Yujing et al. 2007)

worden extra gestimuleerd doordat B-cellen immunoglobuline G (IgG, ook wel afweerstof, antilichaam en antistof genoemd; par. 4.2.2 'Humorale immuniteit') aanmaken. Deze immunoglobulinen kunnen samen met het antigeen een immuuncomplex vormen en dit bevordert op zijn beurt de fagocytose en de afvoer van het antigeen oftewel de indringer.

Th2 produceert andere cytokinen (bijv. IL-4, -5, -13 en -21) die een compleet ander effect hebben op het immuunsysteem. IL-4 remt bijvoorbeeld de formatie van Th1-cellen, maar stimuleert ook de humorale tak van het specifieke immuunsysteem. Th2-cellen zijn ook vaak betrokken bij het afvoeren of vernietigen van allergenen en parasieten.

De T-Reg-cel (T-regulatorcel) heeft de belangrijke functie om de Th1- of Th2-immuunreactie te remmen. Dit voorkomt onnodig lange immuunresponsen waardoor gezond weefsel aangetast kan worden.

Th17 is zeer recentelijk ontdekt en gerelateerd aan Th2. Th17 werft immuunreacties voor ontstekingen, maar blijkt ook nauw betrokken te zijn bij auto-immuunziekten zoals artritis.

Er is een mogelijk Th25-cel geïdentificeerd, een IL-25 producerende T-lymfocyt (Yujing et al. 2007).

De door deze T-lymfocyten gegenereerde immuniteit wordt cellulaire immuniteit genoemd. Cellulaire immuniteit is van groot belang bij de afweer tegen virale en bacteriële infecties, maar is ook verantwoordelijk voor de afstoting van transplantaten en de bestrijding van tumoren. Verder is het vertraagde type allergie (type IV) bij uitstek een voorbeeld van cellulaire immuniteit (Chapel et al. 2006).

4.2.2.2 Humorale immuniteit

De B-lymfocyt (B-cel) is verantwoordelijk voor de humorale immuniteit (fig. 4.1). Als gevolg van activatie door middel van T-helpercellen én antigeenpresenterende cellen deelt de B-cel enkele malen en vormt zo een populatie gesensibiliseerde B-cellen. De meerderheid van deze B-cellen, zogenoemde plasmacellen, zijn uiteindelijk verantwoordelijk voor de productie van antilichamen. Deze zijn specifiek gericht tegen het antigeen dat voor hun ontstaan verantwoordelijk was. Een klein aantal geactiveerde B-cellen verandert in geheugencellen. Deze cellen blijven, afhankelijk van de aanwezigheid van antigeen, jaren in het lymfoïde systeem bestaan, en bevorderen een specifieke immuunreactie als hetzelfde antigeen nogmaals het lichaam binnendringt.

De basisstructuur van de antilichamen bestaat uit twee zware, lange ketens, en twee lichte, kortere ketens (zie IgG in fig. 4.5), die aan elkaar zijn verbonden met enkele sterke dubbele zwavelbruggen. De Y-vorm die ontstaat, heeft een constant domein (alleen zware ketens) en twee variabele domeinen (combinatie zware en lichte ketens). Door willekeurige combinaties kunnen tientallen miljoenen verschillende combinaties van het variabele domein gemaakt worden en zodoende kunnen bijna alle (ook nieuwe of synthetische) structuren herkend worden. Het antilichaam bindt met het variabele domein (FAb) aan de structurele (ruimtelijke) epitoop van het antigeen. Het constante domein (FC) ondergaat dan een lichte verandering en activeert daardoor immuuncellen die een Fc-receptor hebben.

Er zijn vijf klassen antilichamen of immunoglobulinen: IgG, IgA, IgM, IgE en IgD (fig. 4.5). IgA is een hoofdrolspeler in het maag-darmkanaal. Het wordt ook wel een dimeer antilichaam genoemd: twee basisstructuren van Ig zijn aan elkaar verbonden met een J-keten. Een secretoir stukje is om het geheel gewikkeld, ter bescherming tegen proteolytische activiteiten van bijvoorbeeld darmenzymen. IgA is voornamelijk te vinden in vloeistoffen zoals slijm, colostrum, traanvocht, speeksel, zweet, genitaal vocht, respiratoir vocht en andere gastro-intestinale secreties. Speciale secundaire lymfoïde organen produceren IgA: MALT (mucosal-associated lymphoid tissue), GALT (gut-associated lymphoid tissue) en BALT (bronchus-associated lymphoid tissue). Secretoir IgA, gevormd in de darm (GALT), draagt bij aan de immuniteit tegen bijvoorbeeld bacteriële, virale en parasitaire

	IgG	*IgA-dimeric*	*IgM-pentameric*	*IgD*	*IgE*
structuur	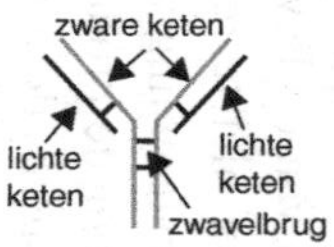	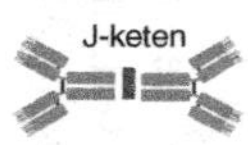		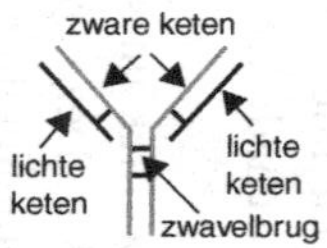	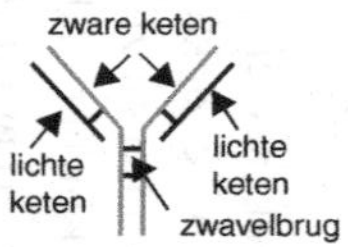
concentratie in bloed (mg/ml)	12	0,5–3,0	0,5–2,0	0–0,04	0,00002
% totale Ig	80	13	6	0,2	0,002
halfwaardetijd, dagen	23	5.5	5	2,8	2,2
functie	opsonisatie, complementfixatie	neutralisatie antigeen op mucosale oppervlak	opsonisatie, neutralisatie en complementfixatie	lymfocyt celmembraanreceptor	hecht aan mestcel
aanwezig in placenta	++	–	–	–	–
aanwezig in secretie	–	++	–	–	–
aanwezig in moedermelk	+	+	–	–	–
antivirale/ bacteriële activiteit	++	++	+	–	–
allergische activiteit	–	–	–	–	++

Figuur 4.5 Vijf klassen antilichamen of immunoglobulinen.

antigenen. Tevens lijkt het een belangrijke rol te vervullen in de preventie van allergische reacties op voedsel (Coico et al. 2003).

IgA-antilichamen worden altijd (constitutioneel) gevormd, ook als er geen onmiddellijke of aanwijsbare dreiging is, en kunnen binden aan vele ziekteverwekkers. In beginsel kunnen ze dus aan verschillende structuren binden en zijn ze matig specifiek maar doordat IgA in de dimere vorm voorkomt, kan het makkelijk verschillende ziekteverwekkers tegelijk binden waardoor klontering ontstaat. Vervolgens worden deze 'immuuncomplexen' van antilichamen en micro-organismen met de darminhoud als feces afgevoerd voor ze verdere schade kunnen aanrichten.

Behalve deze natuurlijke, aangeboren productie wordt zeer specifiek en sterk bindend IgA geproduceerd na blootstelling aan een ziekteverwekker. Deze specifieke afweerrespons start meestal in een van de gespecialiseerde immunologische organen in de wand van de dunne darm; deze koepelvormige bollen worden de Peyerse platen genoemd. Van het enorme totale oppervlak van de darm (ter grootte van een tennisveld) maken deze organen slechts een zeer klein gedeelte uit (enige tientallen vierkante centimeters). Door de verregaande specialisatie zijn deze organen echter zeer efficiënt in het opnemen, herkennen en verwerken van ongewenste indringers in de darminhoud. De eerste stap is de opname van indringers uit de darminhoud door gespecialiseerde cellen aan de bovenkant van de koepel, de zogenaamde M-cellen. Deze cellen zijn bedekt met microvilli (M) en geven de opgenomen deeltjes (bacteriën, virussen, parasieten enz.) na een eerste verteringsstap door aan dendritische antigeenpresenterende cellen, die ook in de Peyerse platen te vinden zijn. Vervolgens gaan de antigeenpresenterende cellen een intieme interactie aan met zowel de B- als T-cellen in en om de follikels van de Peyerse platen. Hierbij wordt een gezamenlijke keuze gemaakt om wel of niet te reageren op het aangeboden substraat (tolerantie of reactie). Bij overeenstemming vindt er een switch plaats op B-celniveau en dan is de eerste aanzet voor de productie van antilichamen een feit. Alle betrokken factoren migreren vervolgens door middel van de efferente (afvoerende) lymfevaten naar de mesenteriale lymfeklieren. In de mesenteriale lymfeklieren bevinden zich de eerste cytokineproducten van de betrokken T-cellen, die de B-cellen aanzetten tot de productie van afweerstoffen. De daadwerkelijke productie wordt echter meestal uitgesteld tot de B- en T-cellen via het bloed weer naar de villi van de darm gemigreerd zijn. Het lokaal geproduceerde IgA wordt, aan de villi, uitgescheiden en is direct actief tegen de specifieke ziekteverwekker in het darmlumen (buitenwereld). Het hele proces duurt twee à drie dagen en is gekenmerkt door een absolute scheiding tussen het initiatiecompartiment (herkenning in Peyerse platen) en het effectorcompartiment (slijmlaag rond villi). Zodoende kunnen M-cellen en dendritische cellen steeds opnieuw 'samplen', zonder storing door lokale antilichaam- of cytokineproductie. Bovendien is de recirculatie van 'aangeslagen' T- en B-lymfocyten een uitstekende manier om de afweerrespons snel uit te laten waaieren naar de hele darm of zelfs andere delen van het lichaam (bijv. de long) boven het lokale niveau van de individuele Peyerse plaat.

Zoals al beschreven kan de lokale microbiota een belangrijke stimulerende rol spelen in de regulatie van cytokinen die op hun beurt de productie van antilichamen kunnen bevorderen (direct signaal aan APC als dendritische cellen of door PRR/PAMPS/TLR-complex). Tijdens de ontwikkeling van het afweersysteem in de eerste levensjaren speelt de microbiota een essentiële rol. Enerzijds kan het immuunsysteem zich nauwelijks ontwikkelen in een omgeving met geen of weinig micro-organismen, en anderzijds is de continue prikkeling van bevriende en vijandelijke organismen nodig om de beslissing reageren of tolereren te kunnen maken. Van individu tot individu kan het aantal en de soort (profiel) van de bacteriën in de microbiota zeer veel variatie vertonen; dit is zelfs even specifiek als de vingerafdruk. Na bijvoorbeeld een antibioticakuur zal de individuele microbiota zich herstellen omdat alleen de 'bekende' bewoners geen (IgA-) respons ontmoeten en dus weer mogen groeien. Ten slotte: zonder microbiota is er geen goed werkend immuunsysteem in de darm en blijft ook de functie en lengte van de villi achter.

4.3 Ontstekingsreactie

Een ontsteking is een belangrijke beschermende reactie van het immuunsysteem. Het is een signaal van het lichaam dat er bijvoorbeeld een infectieus agens aanwezig is, dat vernietigd moet worden. De ontstekingsreactie is een complex proces dat meestal optreedt nadat de (mechanische) barrière het begeven heeft. Als er bijvoorbeeld een trauma in de huid ontstaat in de vorm van een sneetje, dan is dit waarneembaar aan roodheid, zwelling, warmte, pijn en functieverlies (rubor, tumor, calor, dolor en functio laesa), de vijf kardinale symptomen van een acute ontsteking. Dit is het gevolg van vaatverwijding en toegenomen vaatpermeabiliteit, met oedeemvorming en het uittreden van witte bloedlichaampjes (granulocyten en macrofagen) die het vreemde materiaal fagocyteren en verteren. Hiermee wordt de infectie bestreden en wordt de weg vrijgemaakt voor herstel van het weefsel.

In de ontstekingsreactie vullen de aangeboren en verworven immuunsystemen elkaar aan. Er zijn vier fasen: herkenning, acute cellulaire respons, chronische cellulaire respons en resolutie, die meestal in dezelfde volgorde plaatsvinden.

4.3.1 Fase 1: herkenning

In de eerste fase overheerst het niet-cellulaire complementsysteem. Deze fase gaat binnen enkele seconden tot minuten na het voorval van start. Het complementsysteem is een lineair proces dat meestal begint met MBL (mannosebindend lectine) dat aan de indringer bindt. De indringer wordt hierdoor zowel gemarkeerd als uitgeschakeld, en het immuunsysteem wordt gewaarschuwd.

Doordat het doelwit (bijv. bacterie) de binding met MBL niet kan verbreken, blijft dit permanent gehecht. De componenten C4 en C2 kunnen hierdoor ook aan het antigeen binden en vormen een complex dat C3 splitst in C3a (a = activeert o.a. cytokinen) en C3b (b = bindt aan antigenen, ook wel opsonine genoemd). C3a is belangrijk in het ontstekingsproces doordat het granulocyten en macrofagen naar het ontstoken gebied lokt. Sommige C3a-deeltjes worden opgepakt door de receptoren van vasculaire endotheelcellen (wand van de bloedbaan) die adhesiemoleculen aan de kant van de bloedbaan laten verschijnen. In combinatie met de cytokinen kan een granulocyt door het vasculaire endotheel migreren (extravasatie en infiltratie) naar de plaats van de ontsteking.

Tegelijkertijd, als bijvoorbeeld de huid doorboord is, wordt het coagulatiesysteem geactiveerd door onder andere histamine en kinine. Histamine verhoogt de permeabiliteit van het vasculaire endotheel. Kinine heeft verschillende effecten, waaronder het verbeteren en vergroten van de bloedtoevoer naar het gebied, en het stimuleren van nabijgelegen zenuwen zodat de persoon pijn voelt. Ook stimuleert kinine de ontwikkeling van fibroblasten en een bloedstolsel dat verdere spreiding van het antigeen voorkomt. In de huid bevinden zich ook macrofagen, die ook als eerste contact hebben met de indringer. De macrofagen worden geactiveerd, doordat ze een niet-lichaamseigen bestanddeel fagocyteren, en produceren IL-1, IL-6 en TNF (en andere acutefase-eiwitten). Deze cytokinen stimuleren bijvoorbeeld het vasculaire endotheel om adhesiemoleculen aan te maken, waardoor de witte bloedlichaampjes zich ophopen in het gebied (mogelijk begin van oedeem).

4.3.2 Fase 2: acute cellulaire respons

Als het weefsel te veel is aangetast of als de infectie groter wordt, start de tweede fase van de ontstekingsreactie. Het hoogtepunt hiervan kan enkele uren na het trauma vallen. Bij de tweede fase zijn granulocyten betrokken. De chemische signalen uit fase 1 hebben een aantrekkingskracht op de granulocyten en de monocyten (macrofagen) in de bloedbaan, die vervolgens door het vasculaire endotheel migreren om de indringer 'op te eten'. De fagocytose wordt gestimuleerd door opsoninen (bijv. C3b) die binden aan het oppervlak van de bacterie. Tijdens dit proces is zowel de macrofaag als de granulocyt metabool hyperactief en produceert veel lysozymen. Deze lysozymen doden niet alleen de bacteriën, maar ook sommige van de infiltrerende witte bloedcellen. Hierdoor komen veel stoffen vrij die ook het omliggende, lichaamseigen weefsel aantasten (dit is te vergelijken met de bestrijding van een terrorist in de eigen woonkamer met een handgranaat). Bij dit proces neemt het aantal granulocyten geleidelijk af en komt arachidonzuur vrij, een stof die onder andere monocyten uit de bloedbaan aantrekt. Celwanden zijn opgebouwd uit dit vetzuur, en eenmaal vrijgekomen worden enkele groepen fysiologisch actieve stoffen gemaakt, waaronder prostaglandinen, tromboxanen, leukotriënen en andere moleculen die collectief bekend staan als eicosanoïden. Deze stoffen hebben onder andere een aantrekkingskracht op granulocyten en zo is een cirkel met positieve feedback gevormd. De precieze aard van deze terminale ontstekingsmediatoren wordt mede bepaald door het type vet (par. 4.6.1.2) dat ons voedsel bevat. Onlangs is waargenomen dat de hevigheid en de aard van sommige ontstekingsprocessen door dieetmaatregelen kunnen worden beïnvloed.

Binnen 30 tot 60 minuten na het trauma is het aantal granulocyten sterk afgenomen, maar neemt het aantal macrofagen in het gebied toe (4–6 uur na het trauma). Zij nemen de fagocytosefunctie van de granulocyten over. Zij gaan hierbij overigens niet ten gronde. Ook dit proces wordt door opsonisatie versterkt. Macrofagen zijn afkomstig van monocyten die differentiëren in verschillende macrofaagvormen, gedefinieerd door het weefsel waarin ze migreren. Eenmaal geactiveerd door antigeen, produceert de macrofaag IL-1, IL-6, TNF, IL-8 en IFN. De laatste twee worden ook chemo-attractantia genoemd omdat ze medeverantwoordelijk zijn voor de begeleiding van andere ontstekingscellen naar het ontstoken gebied door middel van een concentratiegradiënt.

4.3.3 Fase 3: chronische cellulaire respons

Na 24 uur neemt het aantal macrofagen toe, en als de ontsteking niet is opgelost wordt het specifieke immuunsysteem geactiveerd. Dit kan tot enkele dagen na het trauma duren. De overvloedige bacteriën die niet lokaal opgepakt zijn, migreren door het weefsel en komen in aanraking met de lymfe. Hier worden ze opgenomen door onder andere dendritische cellen (DC), die door de lymfe en het lymfoïde weefsel bewegen (met name de perifere lymfklieren). Hier presenteert de DC het antigeen van de indringer op MHC-II aan Th-cellen zoals hiervoor beschreven.

Doordat de macrofagen continu IL-1, IL-6 en TNF produceren, hebben deze cytokinen bij hogere concentraties lichamelijke (systemische) gevolgen. IL-1, Il-6 en TNF in de bloedbaan beïnvloeden de aanmaak van prostaglandine in de hersenen, hetgeen leidt tot een stijging van de lichaamstemperatuur. Dit bevordert de activiteit van de immuuncellen en antilichamen. De lever wordt direct gestimuleerd door de cytokinen en produceert meer acutefase-eiwitten (bijv. fibrinogeen voor het helen van weefsel en complementeiwitten, zoals MBL en C3). Deze acutefase-eiwitten worden gesynthetiseerd ten koste van de skeletspieren; gestimuleerd door prostaglandines (par. 4.6.1.1) wordt spierweefsel afgebroken om bouwstoffen voor acutefase-eiwitten te produceren. Voor oudere en verzwakte personen kan dit zeer nadelig zijn. Goede voeding (met name eiwitten en vetzuren) is dus van het grootste belang tijdens de immuunrespons en de resolutie ervan.

4.3.4 Fase 4: resolutie

De resolutie en opruiming van de ontsteking kan enkele weken of langer duren. In deze laatste fase van een ontsteking wordt het aangetaste weefsel hersteld, maar dit betekent niet dat de ziekteverwekker al helemaal uit het lichaam is verdwenen. Het herstel van het weefsel wordt mede mogelijk gemaakt door het coagulatiesysteem, fibroblasten en macrofagen. Als eerste wordt het bloedstolsel naar de bovenste lagen van de huid verplaatst; nieuwe cellen worden gevormd in de onderste lagen van de huid, waardoor daarboven gelegen cellen verouderen en naar boven worden gedrukt. Een litteken ontstaat doordat fibroblasten en collageen het weefsel vervangen. Macrofagen zijn nog altijd aanwezig op de plaats van het trauma, en eten geleidelijk alle dode cellen en bacteriën op.

Als de cellulaire tak van het immuunsysteem is geactiveerd, zijn in deze laatste fase geheugencellen aangemaakt, specifiek voor de indringer.

4.4 Allergie, intolerantie en auto-immuniteit

Hoewel het afweersysteem eigenlijk altijd geruisloos en snel zijn werk doet en dan ook weer volgens een vast programma stopt, gaat dit niet altijd goed. Bij sommige personen en onder speciale omstandigheden kan het gebeuren dat een immuunreactie niet adequaat gestopt wordt of juist spontaan begint. Is deze reactie gericht op een stof van buiten, dan noemen we dat een allergie. Is zij gericht op een lichaamseigen stof, dan noemen we dat auto-immuniteit. In deze paragraaf worden de verschillende typen overgevoeligheidsreacties en een enkele auto-immuniteit belicht.

4.4.1 Overgevoeligheidsreactie type I

Overgevoeligheidsreactie type I (HT1) wordt ook wel de allergische reactie genoemd, die verantwoordelijk is voor onder andere voedselallergie. Deze immuunrespons wordt veroorzaakt door allergenen, meestal in de vorm van eiwitten. Bij de eerste confrontatie van het lichaam met het allergeen zijn er geen bijwerkingen en verloopt de ontsteking zoals hiervoor beschreven is (par. 4.3). Er volgt een Th2-respons en er wordt voornamelijk IgE geproduceerd dat de allergenen effectief uit het lichaam kan verwijderen. De IgE-antilichamen worden tijdens de resolutiefase opgepakt door mestcellen (een gespecialiseerde granulocyt) en vastgehouden in de IgE-receptor. In tab. 4.1 staat dat de halfwaardetijd van IgE in het bloed ongeveer twee dagen is, maar de gesensibiliseerde mestcel circuleert enkele dagen tot weken met het allergeenspecifieke IgE in het lichaam.

Bij de tweede confrontatie met het allergeen zijn de mestcellen al gereed en de immuunrespons wordt binnen enkele seconden geactiveerd. Als het allergeen bindt aan het IgE op de mestcel, kan er kruisreactiviteit plaatsvinden, een proces waarbij verscheidene IgE-moleculen op de mestcel door een allergeendeeltje worden geactiveerd. Hierdoor wordt een heftig signaal doorgegeven aan de mestcel, die ongecontroleerd lysozymen produceert en deze in de directe omgeving loslaat. Dit leidt tot weefselschade. Het ligt aan de genetische make-up van het individu of deze reactie plaatsvindt en in welke mate: lokaal of systemisch.

Voorbeelden van HT1 zijn voedselallergie, hooikoorts, atopisch astma, atopisch eczeem, geneesmiddelenovergevoeligheid en anafylaxie (Akdis 2006; Sayed et al. 2008).

4.4.1.1 Atopisch eczeem

Atopisch eczeem wordt veroorzaakt door een HT1-overgevoeligheidsreactie. Atopisch betekent 'op de verkeerde plaats', in tegenstelling tot bijvoorbeeld de contactallergie die optreedt op de plaats van blootstelling. Als iemand een atopisch immuunsysteem heeft, is dit vatbaarder en gevoeliger voor diverse antigenen. Voorbeelden van atopische manifestaties zijn onder andere: astma, hooikoorts en eczeem.

Eczeem is een genetisch bepaalde aandoening waardoor de huidlagen aangetast zijn. (Familieleden in de eerste graad lopen hierbij een groter risico.) Een atopische eczeemreactie is onderverdeeld in twee fasen: een acute reactie (HT1), waarna zich een Th1-immuunrespons ontwikkelt. Tijdens de acute fase ontstaat een Th2-immuunreactie en zijn er meer granulocyten en een hoger IgE-gehalte in de bloedbaan dan bij een niet-atopisch individu. Het is aangetoond dat de IL-4-cytokinen van een Th2-respons het herstel van het weefsel verslechtert. Ook is IL-14 aanwezig bij enkele vormen van atopisch eczeem en verder zouden CD8+ cytotoxische T-cellen een rol hebben. De tweede fase ontwikkelt zich na de Th2-respons, 24 uur later, waarin Th1-cellen IFN-g produceren. Er zijn echter uitzonderingen op dit proces gevonden, zodat het precieze ontstaansproces van atopisch eczeem onduidelijk blijft.

Uit een openbare enquête in de Verenigde Staten bleek dat 6 % van de deelnemers atopisch eczeem dacht te hebben. Het cijfer voor Nederland ligt zeer hoog en blijft stijgen, maar staat ter discussie door problemen met de definitie en de diagnostiek.

Atopisch eczeem kan worden gekarakteriseerd als een jeukende huidaandoening met typische morfologie en distributie, een positieve (persoonlijke of familie-)anamnese voor atopie en vaak tekenen van een IgE-gemedieerde allergie voor binnenhuisallergenen, dierlijke haren (en veren) en plantaardige zaden (pollen). De morfologie bestaat uit: roodheid, papels, schilfering en lichenificatie (vergroving van de huidstructuur), gepaard gaande met een droge huid. De distributie over het lichaam is vrij typisch: gelaat en strekzijde der extremiteiten bij kinderen, buigzijde der extremiteiten bij volwassenen. Raadpleeg een arts voor een precieze diagnose.

Een kind heeft een grotere kans op een atopisch immuunsysteem als een van de ouders atopisch is, of een andere allergie heeft. Het ontstaan van allergische reacties is te voorkomen door vroegtijdig contact met potentiële voedselallergenen te vermijden door ten minste de eerste zes maanden uitsluitend borstvoeding te geven (Vericelli 2007; Sicherer en Burks 2008; Hanifin 2008; Elias et al. 2008). Nieuwe richtlijnen van de American Academy of Pediatrics (AAP) en de European Society for Pediatric Allergology and Clinical Immunology (ESPACI) beschrijven wanneer een kind bepaalde soorten voedsel kan eten om de ontwikkeling van atopische immuunreacties te voorkomen. In Finland heeft de combinatie van borstvoeding en probiotica zowel tijdens als na de zwangerschap een reductie van de klinische effecten van atopie van 45% gegeven – al bleven de patiëntjes wel IgE-positief (Kalliomäki et al. 2008; ook hoofdstuk 'Voedselovergevoeligheid bij zuigelingen, peuters en kleuters').

4.4.1.2 Astma

Astma komt voor in atopische immuunsystemen. Een HT1-overgevoeligheidsreactie is aangemaakt voor externe pathogenen: stof, huisstofmijt, schimmels, pollen, tabaksrook en andere verontreinigende stoffen, voeding en voor stress. Een astmapatiënt heeft een hoger IgE-gehalte, hetgeen voornamelijk wordt geproduceerd door B-lymfocyten in de luchtwegen. Vervolgens binden de antilichamen zich aan mestcellen, die nu gesensibiliseerd zijn. Bij inademen van het allergeen kan een IgE-gesensibiliseerde mestcel degranuleren waardoor onder andere actieve zuurstofradicalen in de omgeving van de luchtwegen vrijkomen. Deze stoffen tasten het weefsel aan. Ook wordt een Th2-immuunrespons opgewekt die onder andere IL-4 en IL-13 produceert. Deze cytokinen stimuleren andere B-cellen om IgE aan te maken in plaats van IgG ('isotype switch').

Ruim een half miljoen Nederlanders heeft een min of meer ernstige vorm van astma. Mensen met een atopisch immuunsysteem hebben een grotere kans op astma dan mensen met een gezond immuunsysteem. Symptomen van een astma-aanval zijn: hoesten, piepend ademhalen, blauwe lippen, pijn op de borst en moeite met ademhalen. Om astma vast te stellen wordt een röntgenfoto gemaakt van de longen. Ook wordt de longinhoud gemeten en wordt een bloedmonster genomen. Dit wordt gedaan door een arts.

Er zijn verscheidene stoffen die een atopisch immuunsysteem kunnen aanwakkeren. Maar met of zonder medicijnen kunnen de klachten en symptomen van astma soms ook helemaal verdwijnen. Er is momenteel onderzoek naar het verband tussen het maag-darmkanaal en allergische reacties in de luchtwegen. Ook is er een verband tussen veelvuldig antibioticagebruik op zeer jonge leeftijd en het krijgen van astma later (Canadees onderzoek onder bijna honderdduizend kinderen). Bij dieren is aangetoond dat het dieet invloed heeft op het ontstaan van allergische reacties (Penders et al. 2007; Gould en Sutton 2008).

4.4.2 Overgevoeligheidsreactie type II

Overgevoeligheidsreactie type II (HT2) is een door antilichamen aangestuurde cytotoxische auto-immuunreactie. Ook al heeft het immuunsysteem strenge eisen voor het maken van B-cellen en antilichamen, soms werkt dit mechanisme niet optimaal. Hierdoor kunnen antilichamen ontstaan die reageren op lichaamseigen 'antigenen'. Dit zijn meestal IgG- of IgM-antilichamen, die met het variabele domein binden aan een lichaamseigen component. Cellen van het immuunsysteem herkennen namelijk alleen het constante domein van een antilichaam, om er vervolgens met een Fc-antilichaamreceptor aan te binden. Dit activeert de immuuncel, waarbij het signaal wordt gegeven door het foutief gebonden auto-immune IgG, en het doel wordt vernietigd. Ook het complementsysteem kan door gebonden IgG of IgM geactiveerd worden. Gezonde cellen en weefsel worden hierdoor vernietigd. Een voorbeeld van HT2 is bloedtransfusie met onverenigbaar bloed (Sayed et al. 2008).

4.4.3 Overgevoeligheidsreactie type III

Overgevoeligheidsreactie type III (HT3) is ook een door antilichamen aangestuurde reactie. In een gezond immuunsysteem, tijdens de resolutiefase van een ontsteking, worden de resten van de ontsteking volledig opgeruimd. Een HT3-reactie kan ontstaan als er nog enkele antigeen-antilichaamcomplexen, de zogenaamde immuuncomplexen, circuleren in het bloed. De immuuncomplexen (voornamelijk IgG) worden om de een of andere reden niet snel genoeg ontdekt of afgevoerd. Het complex blijft circuleren tot het ergens vastraakt, bijvoorbeeld in het filter van de nieren of in een gewricht. Hier ontstaat dan een plaatselijke ontstekingsreactie om het complex te vernietigen en wordt het nabijgelegen weefsel aangetast.

Een voorbeeld van HT3 is acute en chronische serumziekte (Sayed et al. 2008).

4.4.4 Overgevoeligheidsreactie type IV

Overgevoeligheidsreactie type IV wordt ook wel het vertraagde type genoemd (‘delayed-type hypersensitivity’, DTH). De reactie wordt geïnitieerd door CD4+ T-lymfocyten en het duurt enkele dagen na de blootstelling van het antigeen voordat de immuunreactie te zien is. Het soort antigeen kan sterk variëren, van vreemd weefsel tot oplosbare eiwitten of chemicaliën die de huid penetreren zonder een trauma. De DTH-reactie begint meestal met de macrofaag in de directe omgeving die het antigeen of allergeen opneemt of fagocyteert en een Th1-reactie in werking stelt. De Th1-cel produceert een overvloed aan cytokinen die andere macrofagen en granulocyten naar het gebied lokken en ze activeren. Deze cellen zijn aspecifiek en zijn ook verantwoordelijk voor schade aan het weefsel.

Een voorbeeld van DTH is contactdermatitis (te vergelijken met de tuberculinereactie): als gevolg van contact met het sensibilisatieagens op het oppervlak van de huid kan dermatitis ontstaan (Sayed et al. 2008). Het bestaan van een vertraagd type allergie en de daarbij behorende specifieke T-cellen is aan te tonen door middel van epicutane huidtests (Chapel et al. 2006; ook hoofdstuk ‘Voedselovergevoeligheid bij oudere kinderen en volwassenen’).

4.4.5 *Toename allergie en auto-immuunziekten*

Zoals al eerder gezegd, is er een opmerkelijke stijging van allergie en auto-immuniteit in de laatste vijftig jaar, een periode waarin onze voeding alleen maar beter, veiliger en gevarieerder werd. Zowel de opbouw als de afsluiting van een afweerrespons dient gereguleerd te worden om niet te langzaam of te weinig afweer op te wekken bij de start, en niet te laat of te veel bij de afbouw, als de ziekteverwekker verdwenen is. De afgelopen decennia werd met name de balans tussen twee subsets van T-cellen gebruikt om de op- en neerregulatie van het afweersysteem te verklaren. De Th1-responsen worden door infecties aangedreven en de Th2-responsen met name door allergieën. Dit concept resulteerde in het idee dat allergische ziekten (Th2-responsen) konden ontstaan als een compensatoire Th2-reactie op een vermindering van Th1-cellen in een populatie die nauwelijks nog aan infectieziekten werd blootgesteld. Veel infectieziekten zijn namelijk verdwenen door betere voeding, hygiëne, antibiotica en vaccins. Hoewel de balans tussen Th1 en Th2 veel duidelijk heeft gemaakt, is het lastig om de toename van Th1-ziekten zoals diabetes mellitus, multipele sclerose en de ziekte van Crohn, en Th2-ziekten zoals allergieën, astma en huidaandoeningen, met elkaar in verband te brengen (fig. 4.6 en 4.7).

Het vermoedelijke verband leidde tot de herontdekking van een ouder concept: de 'suppressorcellen', inmiddels omgedoopt tot Tregs (T-regelcellen voor

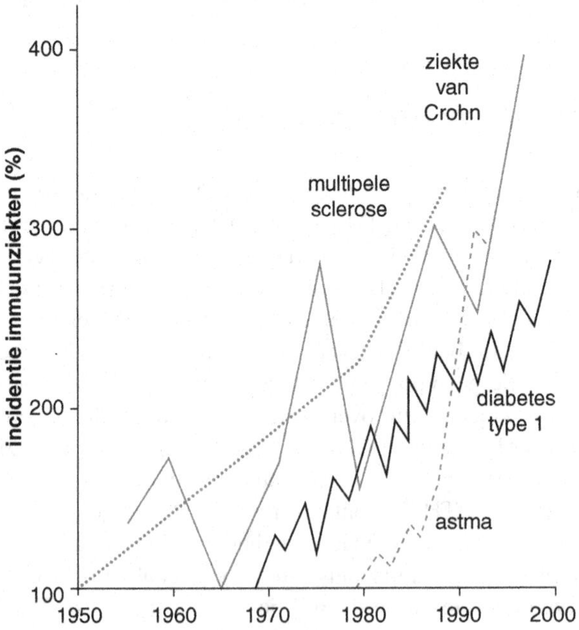

Figuur 4.6 Toename van het aantal immuunziekten.

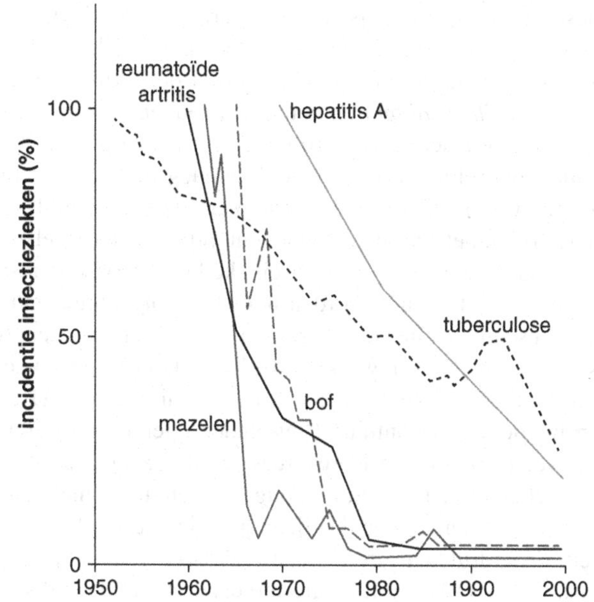

Figuur 4.7 Afname van het aantal infectieziekten.

stimulatie en suppressie). Het Tregs-concept speelt een belangrijke rol in de zogenaamde 'hygiënehypothese'. Volgens deze hypothese zou de verminderde blootstelling aan infectieuze agentia de oorzaak zijn van de toename van ziekten waarbij het immuunsysteem betrokken is (bijv. allergie, auto-immuniteit en inflammatoire darmziekten). Het is zeker zo dat leven op de boerderij, het hebben van huisdieren en naar de crèche gaan kinderen in zekere mate 'beschermen' tegen allergie. Precieze analyse van verschillende onderzoeken heeft echter ook aangetoond dat sommige ziekteverwekkers bij kinderen juist meer allergie veroorzaken en dat de verhoging van de ziektelast decennia later kwam (1960–1985) dan de verlaging van de infectiedruk. Ook de toename van het gebruik van huishoudelijke hygiëne zoals baden, zeep, poets- en ontsmettingsmiddelen, laat geen correlatie zien met de beschreven toename van het aantal immuunziekten. Bovendien dragen verschillende disciplines nieuw bewijs aan voor een model waarin de beschadiging of verandering van de microbiota (levende darmbewoners) ook de normale orale tolerantie doet afnemen en ongewenste responsen doet opkomen. Dit lijkt met name te gebeuren door beïnvloeding van de dendritische cellen die op hun beurt antigeenspecifieke regulatoire T-celresponsen versterken.

Als al deze observaties met elkaar gecombineerd worden, kan het 'old friends'-model een conceptuele verbinding leggen tussen de toename van immuunziekten en de hygiënehypothese. Old friends zijn relatief onschuldige micro-organismen (incl. helminthen, saprofyte mycobacteriën, schimmels en melkzuurbacteriën) die gedurende de menselijke evolutie altijd deel hebben uitgemaakt van de microbiota. Old friends komen vooral voor op plekken waar de hygiënehypothese op wijst, namelijk koeienschuren, boerderijen en op en nabij huisdieren. Een extra aanwijzing is dat uit onderzoek bij allergische kinderen in zowel Japan als Finland en Estland is gebleken dat deze kinderen minder melkzuurbacteriën en meer *Clostridium* in hun darmen hadden dan hun niet-allergische leeftijdsgenootjes. Het toedienen van probiotica hielp niet alleen bij het herstellen van het normale microbiotaprofiel en de darmintegriteit (barrièrefunctie) maar ook bij het verlagen van de allergische symptomen (de kinderen bleven overigens wel IgE-positief). Inmiddels is aangetoond dat bijvoorbeeld melkzuurbacteriën Tregs kunnen induceren, die vervolgens specifieke huidallergische responsen kunnen onderdrukken. De old friends worden door het aangeboren immuunsysteem (o.a. TLR's) als 'onschuldig' gezien en zorgen ervoor dat antigeenpresenterende cellen volwassen worden als DCregs zodat die Tregs kunnen opwekken en sturen. Sommige van deze Tregs herkennen de old friends uit microbiota en indringers direct en geven hierdoor een continue ('bystander') gereguleerde onderdrukking van de lokale afweerresponsen. Andere Tregs worden aangestuurd door DCregs die antigenen uit het eigen lichaam (auto-antigenen) en uit de lucht en voedingsallergenen opnemen en presenteren en daardoor specifiek deze lokale en ongewenste afweerresponsen onderdrukken. In de aanwezigheid van belangrijke signalen van 'gevaar' (o.a. TLR's en costimulatoire moleculen) kan deze door Tregs geïnduceerde onderdrukking weer stilvallen en treedt er een bonafide afweerrespons tegen indringers op. Bij afwezigheid van old friends zijn zowel de bystander als de specifieke onderdrukking afwezig en kunnen kleine lokale afweerresponsen uitgroeien tot ongewenste immuunziekten (huid- en longallergie, auto-immuniteit, ziekte van Crohn enz.). Tregs kunnen reizen door het lichaam en dus in alle weefsels terechtkomen om lokaal en systemisch hun werk te doen.

Dit model kan ook verklaren waarom sommige immuunziekten goed te behandelen zijn met old friends. Uit klinisch onderzoek bij de mens is bijvoorbeeld gebleken dat de *Mycobacterium vaccae,* geïsoleerd uit de koe, Tregs kan opwekken die vervolgens allergische effecten kunnen onderdrukken. Verder kan de helminth *Trichuris suis,* uit het varken, koloniseren in de darm en dit lijkt de klinische effecten van inflammatoire darmziekten (ziekte van Crohn en colitis ulcerosa) te verlagen. Tot slot kunnen probiotische melkzuurbacteriën, mits in voldoende hoge dosis gegeven, allergie bij kinderen onderdrukken en zelfs voorkómen wanneer ze gegeven worden aan de zwangere moeder en in combinatie met drie à vier maanden borstvoeding.

De microbiota bevat dus vele old friends waarvan is komen vast te staan dat zij een belangrijke rol spelen bij het onderdrukken en afbouwen van afweerresponsen. Vroeger, toen de voeding nog niet zo schoon en veilig was, kwamen ze veelvuldig voor in de dagelijkse maaltijd. Behalve uit de voeding zijn de old friends ook verdwenen uit de tegenwoordig superschone omgeving, overigens samen met de ziekteverwekkers die bijvoorbeeld massale kindersterfte tot gevolg hadden. Ook het gebruik van antibiotica en antiwormmiddelen is van invloed op de aantallen en soorten old friends in de darmen. Het westerse, vezelarme (oplosbare vezels én voedingsvezels), vette en suikerhoudende dieet bevoordeelde de ziekmakende darmbewoners en maakte het darmmilieu onvriendelijk voor de old friends, waaronder de probiotische melkzuurbacteriën. Het gebrek aan old friends kan aanleiding geven tot ziekten van het immuunsysteem, ook wel welvaartsziekten genoemd. Acquisitie van old friends, door middel van de omgeving (hygiënehypothese) en/of de voeding (probiotica), kan in sommige gevallen leiden tot preventie en/of herstel van deze aandoeningen (Guarner et al. 2006; Summers et al. 2006).

4.5 Immuniteit en bijzondere levensfasen

De werking van het immuunsysteem is afhankelijk van vele factoren waarvan voeding er slechts een is. In deze paragraaf worden een paar saillante factoren met betrekking tot leeftijd en gewicht nader belicht.

4.5.1 Immuunsysteem bij neonaten

Het immuunsysteem van pasgeborenen is nog onvolgroeid en werkt suboptimaal. Pasgeborenen zijn daarom zeer vatbaar voor infecties. In de baarmoeder wordt de foetus beschermd door het immuunsysteem van de moeder. IgG is het belangrijkste antilichaam in navelstrengbloed (afkomstig van de moeder) en het enige Ig dat de placenta passeert. De halfwaardetijd is 23 dagen hetgeen betekent dat het kind na de geboorte nog enige maanden beschermd is tegen 'bekende' indringers. Het immuunsysteem van een pasgeboren kind moet nog op gang komen; een deel van de B-cellen is nog afwezig. In het begin heeft het neonate immuunsysteem meestal een Th2-profiel, waarschijnlijk om afstotingsreacties te voorkomen (Boelens et al. 2008).

De juiste voeding is van belang voor de ontwikkeling van de darm en voor de rijping van het immuunsysteem van de baby. Het intestinale ecosysteem bestaat uit drie belangrijke componenten die elkaar beïnvloeden: de cellen van het organisme zelf (de gastheer), voedingsstoffen en de microbiota. Er treden grote veranderingen op in zowel de microbiota als de gastheercellen tijdens de lange reis van geboorte naar volwassenheid. Bij de geboorte is de darm doorgaans steriel, vervolgens worden in snel tempo micro-organismen van de moeder en uit de omgeving opgenomen. De neonate darm bevat vooral grote hoeveelheden facultatief anaeroben zoals streptokokken en coliforme enterobacteriën. Deze nemen af bij het spenen (stoppen van de borstvoeding) wanneer ook de obligate anaeroben, zoals *Bacteroides, Bifidobacterium* en *Clostridium,* predominant worden in de darm. De verkregen bacteriën komen binnen via de huid van de moederborst, de handen (feco-orale besmetting) en de omgeving, maar onlangs is ook aangetoond dat gezonde moedermelk een belangrijke bron van levende melkzuurbacteriën is. Sommige van deze melkzuurbacteriën zijn van het species *Lactobacillus* en die lijken qua profiel (d.w.z. overleving in maag-darmkanaal, productie antimicrobiële stoffen, aanhechting aan darmwand, productie biogene amines en antibioticaresistentiepatronen) zeer op commerciële probiotica. Moedermelk heeft bovendien een direct remmend effect op de groei van ziekteverwekkende bacteriën en virussen door diverse biologisch actieve bestanddelen, zoals lactoferrine, secretoire IgA-afweerstoffen en peptiden ontstaan na melkvertering in de darm. Hier komt bij dat moedermelk een breed scala aan celbeschermende agentia en ontstekingsremmers bevat, zoals epitheliale groeifactoren, antioxidanten en degradatie-enzymen. Ten slotte zijn er nog de oligosachariden in moedermelk die het bifidogene milieu in de darm bevorderen en daardoor de uiteindelijke zuurgraad verlagen. Dit laatstgenoemde effect van moedermelk kan volledig nagebootst worden door toevoeging van galacto- en fructo-oligosachariden aan flessenmelk. Deze oligosachariden dienen als voeding voor de melkzuurbacteriën, terwijl pathogene bacteriën liever simpele suikers opnemen. Dit geeft dus meer zuurproducerende bacteriën, vervolgens een lagere pH in de dikke darm en daardoor remming van ziekteverwekkende organismen. Dit alles leidt tot een microbiota in de pasgeborene met een samenstelling die ook te vinden is in de meeste gezonde personen.

Samengevat zijn de gunstige effecten van borstvoeding gerelateerd aan: verbetering van de afweer, vertering en absorptie van voedingsstoffen, functie van het maag-darmkanaal, ontwikkeling van het zenuwstelsel van het kind en psychologisch welbevinden van de moeder. Biest, de melk die de moeder aan het begin van de zoogtijd afgeeft, bevat een sterk verhoogde concentratie van de genoemde afweerstoffen en mediatoren. Humane moedermelk kan ook omschreven worden als een synbioticum met de eigenschappen van zowel pre- als probiotica. Het is wel te benaderen met kunstmatige producten, maar het blijft onvervangbaar.

4.5.2 Immuunsysteem bij ouderen

De functionaliteit van het immuunsysteem verandert naarmate het lichaam veroudert. De werking van de aangeboren en de verworven immuniteit neemt af en er is aangetoond dat in vivo een verhoogde kans ontstaat op reactiviteit op eigen cellen (zelf- of auto-antigenen). Ook zijn ouderen gevoeliger voor infecties en ontstekingen, dit wordt immuunsenescentie genoemd.

Het is niet geheel duidelijk wat achter deze leeftijdgerelateerde veranderingen steekt. Er doen vele theorieën de ronde in de wetenschappelijke gemeenschap, maar de veranderingen zijn niet eenduidig of direct verklaarbaar. Er is wel een groeiende belangstelling voor de rol van voeding in het verouderingsproces, omdat ook ouderen in ontwikkelde landen ondervoed zijn; er is een verminderde inneming van voedingsstoffen, waaronder essentiële micronutriënten (Wintergerst et al. 2007). De meest in het oog springende tekorten zijn ijzer, zink en vitamine C. Correctie hiervan gaf klinisch vooral verbetering op de NK-celactiviteit en de IL-2-productie. Recent onderzoek van het Institut Pasteur (Aubin et al. 2008) laat zien dat het aantal respiratoire infecties (bijv. influenza) ook afneemt bij preventief gebruik van probiotica. Andere onderzoeken hebben aangetoond dat dit hand in hand gaat met verbetering van de NK-celactiviteit. De genoemde tekorten en de activiteit van de eigen, residente microbiota zou ook bij ouderen sterk kunnen verbeteren door met name inneming van fruit (oplosbare vezels), peulvruchten en groenten die rijk zijn aan ijzer, zink en oligosacchariden (met name inuline dat bijv. in witlof zit).

4.5.3 Immuunsysteem bij adipositas

Genetisch bepaalde vetzucht bij proefdieren gaat gepaard met afwijkingen in de immuunrespons. Het gewicht van de thymus is verlaagd, evenals het aantal lymfocyten. De activiteit van de NK-cellen is afgenomen. De vorming van cytotoxische T-cellen in vivo is verlaagd, in vitro evenwel normaal. Hiervoor lijkt het micromilieu in vetzuchtige dieren verantwoordelijk: er is hyperlipemie, hyperglykemie, gestoorde concentratie en opname van insuline, glucagon en adrenocorticotroop hormoon (ACTH). Dit gaat hand in hand met de afgenomen functie van het immuunsysteem bij ouderdomsdiabetes (op jonge leeftijd geïnduceerd door de combinatie van overgewicht en weinig bewegen).

Adipositas bij de mens is een heterogeen syndroom. Vetzuchtige adolescenten en volwassenen hebben een verhoogde kans op infecties, onder andere voor postoperatieve sepsis. De bacteriedodende capaciteit (bactericidie) van neutrofiele granulocyten is verminderd. De allergie van het vertraagd type is licht gestoord, evenals de lymfocytenproliferatie. Waarschijnlijk is een deel van de genoemde afwijkingen het gevolg van een vaak met vetzucht geassocieerde deficiëntie aan micronutriënten zoals ijzer en zink. Behalve een aanpassing van het dieet is ook beweging zeer belangrijk, niet in de eerste plaats om extra calorieën te verbranden maar vooral om maximale insulinebeschikbaarheid te krijgen (Fontana en Klein 2007).

4.5.4 Immuunsysteem bij calorische restrictie

Tegenover obesitas staat minder eten, oftewel calorische restrictie (CR). Het is een omstreden onderwerp dat wel blijft boeien doordat CR een mogelijke relatie heeft met het verlengen van de levensduur. CR is een gezond dieet zoals beschreven in de 'schijf van vijf', alleen eet men 20 tot 40 % minder dan de gemiddelde aanbevolen calorieën voor de leeftijdsgroep. Alle benodigde vitaminen en mineralen zijn aanwezig in het dieet, zodat er geen deficiëntie in bepaalde voedingsstoffen ontstaat.

Tot nu toe is dit dieet succesvol toegepast in onderzoek met laboratoriumdieren (voornamelijk muizen en ratten); er zijn weinig onderzoeksresultaten over het effect in de mens. Een populair protocol voor dieronderzoek is als volgt.

- Groep 1: krijgt CR; de voeding is 20 tot 40 % minder dan in groep 2.
- Groep 2: deze controlegroep eet ad libitum (op eigen initiatief, wanneer het dier honger heeft).
- Groep 3: deze groep eet de ene dag niet en op de andere dag ad libitum.

Dit protocol is onder andere toegepast op: protozoa, gist, nematode wormen, verschillende soorten insecten zoals fruitvliegjes, muizen, ratten, hamsters, cavia's, honden, koeien en een aantal apensoorten. De resultaten van de onderzoeken zijn vaak vergelijkbaar: dieren uit groep 1 en 3 zijn levendiger, zien er gezonder uit en zijn slanker dan dieren uit groep 2. Dieren uit groep 1 die dit eetpatroon hun hele leven behouden, hebben een langere levensduur (20–50 % langer dan dieren in groep 2), minder tot geen kans op kanker, en krijgen geen overgewicht. Ook krijgen CR-dieren op veel latere leeftijd chronische ziekten, auto-immuunziekten of infecties in de luchtwegen. Als CR toegepast wordt op latere leeftijd is het niet zo effectief als een CR-eetpatroon vanaf jongere leeftijd. Men neemt aan dat CR de potentie van oxidatie vermindert. Hierdoor worden genetische processen minder verstoord maar juist versterkt en weefsel hoeft hierdoor minder hersteld te worden. Ook zijn er minder pro-inflammatoire cytokinen in de bloedbaan te vinden. Verder is de observatie in dieren dat de lichaamstemperatuur, het cholesterolniveau en de bloeddruk dalen.

Het uiteindelijke doel van deze dieronderzoeken is onderzoek naar CR bij mensen, maar dit staat nog in de kinderschoenen. Er zijn enkele observatiestudies georganiseerd om het fenomeen bij mensen te beschrijven en over een paar jaar zijn concretere, gerandomiseerde placebogecontroleerde, klinische resultaten beschikbaar. CR kan het best plaatsvinden onder begeleiding van een diëtist. Het volgen van het dieet mag namelijk niet leiden tot ondervoeding, omdat het immuunsysteem dan negatief beïnvloed wordt en dat verkort de levensverwachting juist (Hayes 2007; Holloszy en Fontana 2007).

4.6 Invloed van voeding op immuunsysteem

Alle processen in het lichaam worden voor een deel bepaald door genetische kwaliteiten en voor een ander deel door de omgeving. De samenstelling van de voeding is belangrijk voor het ondersteunen en mogelijk maken van verscheidene lichamelijke processen, waaronder het behoud van een actief en specifiek immuunsysteem. De vatbaarheid voor ziekten wordt door de algehele voedingstoestand van het individu beïnvloed. Er is nog veel onbekend terrein, maar er is in de laatste tien jaar zeker vooruitgang geboekt. Een volwaardig dieet bevat adequate hoeveelheden voedingsstoffen zoals beschreven in de fameuze schijf van vijf (zie www.voedingscentrum.nl). Dit gezonde dieet omvat alle benodigde macro- en micronutriënten: eiwitten (ook in de vorm van aminozuren), vitaminen, mineralen, koolhydraten en vetten. Variaties hierin beïnvloeden de natuurlijke werking van de immuunrespons doordat lymfoïd weefsel zeer gevoelig is voor zowel de schadelijke effecten van ondervoeding als voor een te hoog gehalte aan bepaalde voedingsstoffen. Verder zijn vele enzymen voor hun functie afhankelijk van de aanwezigheid van sporenelementen zoals zink, ijzer en andere micronutriënten die het lichaam niet zelf kan produceren.

Informatie over de hoeveelheid nutriënten in het dieet is afkomstig uit onderzoek onder ondervoede mensen (niet te verwarren met calorische restrictie). Hieruit bleek dat er een belangrijke interactie bestaat tussen ondervoeding en infectie. Ook komt uit onderzoek informatie over de relatie tussen voeding en immunologie van patiënten met specifieke genetische mutaties die de natuurlijke metabolische processen van nutriënten verstoren (zie www.nlm.nih.gov/medlineplus/druginfo/natural/patiënt).

4.6.1 Macronutriënten van belang voor immuunrespons

Hierna worden de verschillende nutriënten van een gezond dieet beschreven, met speciale aandacht voor de werking in het immuunsysteem. Niet alle nutriënten komen aan bod, alleen de voedingsstoffen die het immuunsysteem in belangrijke mate ondersteunen. Ook worden enkele symptomen beschreven die een te laag of juist te hoog gehalte van de voedingsstof aanduiden. Veel van de symptomen die beschreven worden zijn niet specifiek en kunnen ook andere medische aandoeningen voorspellen. Bovendien beïnvloeden voedselfactoren elkaar soms in sterke mate, waardoor veranderingen in een of enkele factoren die optreden bij bepaalde diëten, soms moeilijk te beoordelen zijn. Raadpleeg hiervoor altijd een arts.

4.6.1.1 Aminozuren

Belangrijke aminozuren die het immuunapparaat ondersteunen zijn: arginine, vertakteketenaminozuren (BCAA), glutamine en polyamine. De chemische structuur van een aminozuur heeft aan de ene kant een amine (-NH2) en aan de andere kant een carboxylgroep (-COOH). Zo kunnen de aminozuren makkelijk aan elkaar gebonden worden om polyaminen te vormen (Li et al. 2007).

4.6.1.1.1 Arginine

Arginine is een basisch aminozuur en in het immuunsysteem is het een signaalmolecuul. Het is betrokken bij het vernietigen van pathogenen, het reguleert de productie van cytokinen en stimuleert het vrijkomen van hormonen zoals groeihormoon, prolactine en insuline. Groeihormoon zet de lymfoïde organen aan tot de productie van lymfocyten. Insuline is onder andere betrokken bij het metabolische proces van suiker en andere aminozuren uit lichamelijk weefsel, waardoor de vrijgekomen stoffen toegankelijk worden voor witte bloedlichaampjes.

Arginine is vooral te vinden in peulvruchten en noten (maar pas op: veel noten is veel vet) en in mindere mate in vette vis, kip en eieren. Een lage concentratie van dit aminozuur wordt waargenomen bij ondervoeding, ontsteking, infectie of bij een lichamelijke trauma. Bij deze verschijnselen moet er extra arginine aan het dieet toegevoegd worden. Tegenwoordig wordt het postoperatief toegediend als ondersteuning van het immuunsysteem.

4.6.1.1.2 Glutamine

L-glutamine is het meest voorkomende aminozuur in het lichaam en het lichaam kan dit zelf aanmaken in het spierweefsel. Het komt voor in de immunologisch actieve slijmlagen die het maag-darmkanaal, de luchtwegen en de urinewegen bedekken. Samen met IgA wordt het aminozuur hier ook geproduceerd en een tekort kan de functie van IgA aanzienlijk verstoren (Wouters 2006; Li et al. 2007). Bij een acute immuunreactie heeft het gezonde lichaam voldoende reserve om aan de gestegen glutaminebehoefte te voldoen.

Bij grote operaties of anderszins sterk verzwakte patiënten, is er meestal onvoldoende eiwittoevoer om aan de behoefte aan aminozuren te voldoen. Bovendien zou de lever de verwerking van eiwitten uit de voeding tot aminozuren niet of nauwelijks aankunnen. Om toch aan de behoefte aan aminozuren te voldoen, rekruteert het lichaam deze eiwitten uit skeletspieren. Dit verklaart het snel optreden van spierzwakte (en de negatieve stikstofbalans) bij ernstig zieke patiënten.

Aangezien glutamine het belangrijkste aminozuur is dat vrijkomt bij de afbraak van spieren, ligt het voor de hand dit aan te vullen met een glutaminesupplement. Indien niet voor een supplement gekozen wordt, valt te denken aan voeding met extra glutamine zoals eieren, varkensvlees, zuiveleiwitten en haver.

4.6.1.1.3 Vertakteketenaminozuren

Vertakteketenaminozuren (branched-chain amine acids, BCAA) zijn erg belangrijk, maar het lichaam kan ze niet zelf aanmaken. De drie belangrijkste zijn L-leucine, L-isoleucine en L-valine. Deze aminozuren zijn bouwstoffen voor het constante domein van antilichamen en de synthese van andere eiwitten, zoals acutefase-eiwitten (Hoogland 2007; Li et al. 2007). De vertakking zorgt voor een ruime structuur, dat zowel voor stofwisselings- als voor immuunprocessen belangrijk is. BCAA's ondersteunen de efficiënte werking van T-cytotoxische lymfocyten en de vermenigvuldiging van T-cellen tijdens een immuunrespons.

BCAA's in de voeding werken alleen goed als ze met andere aminozuren opgenomen worden. Voeding met BCAA's is onder andere tonijn, kip, zeer mager rundvlees (biefstuk), magere yoghurt, linzen en sommige andere peulvruchten.

4.6.1.2 Vetten

Vetten bestaan uit glycerol en vetzuren. Vetzuren zijn belangrijk om een gezond lichaam te onderhouden. Ze leveren energie, zijn bestanddelen van celmembranen, worden gebruikt als signaalmoleculen en zijn betrokken bij genetische processen.

Voor het immuunsysteem kunnen vetten onder andere de structuur van de celmembraan beïnvloeden en daardoor het aantal receptoren. Als gevolg hiervan kan een immuunrespons geheel veranderen, bijvoorbeeld een afname van de cytotoxische functies in de DTH. Daardoor speelt de juiste hoeveelheid vetzuren in het dieet een belangrijke immuunregulerende rol.

Hierna volgt beknopte informatie over onverzadigde en verzadigde vetten, met speciale aandacht voor omega-3- en omega-6-vetzuren, het arachidonzuurmetabolisme en de functie van cyclo-oxygenase (COX) (Yaqoob en Calder 2007; Wolowczuk et al. 2008; Medzhitov 2008).

4.6.1.2.1 Verzadigd en onverzadigd

Vetten zijn lange koolwaterstofketens (-CH2) die beginnen met een methylgroep (-CH3) en eindigen met een carboxylgroep (-COOH). Ze zijn niet oplosbaar in water doordat er geen interactie mogelijk is tussen de elektrisch geladen waterstofmoleculen en de ongeladen vetmoleculen.

Vetzuren zijn belangrijke exogene grondstoffen, die in twee verschillende groepen zijn verdeeld: verzadigd en onverzadigd. Verzadigde vetzuren bestaan uit alleen de genoemde componenten, met een enkele verbinding tussen de koolwaterstofeenheden. Hierdoor hebben ze een lineaire structuur waardoor ze makkelijk opgestapeld en in het lichaam opgeslagen kunnen worden. Verzadigde vetzuren hebben een hoger smelt- en kookpunt dan onverzadigde vetten, waardoor ze op kamertemperatuur een vaste structuur hebben.

Onverzadigde vetten zijn ook gebouwd uit de genoemde componenten, alleen tussen sommige koolwaterstofeenheden is er een dubbele verbinding die ten koste gaat van een waterstofgroep. Hierdoor hebben ze een kronkelige structuur waardoor ze moeilijker op te stapelen zijn in het lichaam. Ze hebben een lager smelt- en kookpunt dan verzadigde vetzuren, waardoor ze op kamertemperatuur vloeibaar zijn.

Onverzadigde vetten komen in twee verschillende groepen voor: enkelvoudig onverzadigde vetzuren (EOVZ) en meervoudig onverzadigde vetzuren (MOVZ, Engels: PUFA), waarvan de laatste het belangrijkst zijn voor het immuunsysteem.

Er zijn twee MOVZ die in het dieet moeten voorkomen: linolzuur en a-linolzuur of a-linoleenzuur. In de nomenclatuur van de MOVZ zijn de lengte van de koolstofketen, het totale aantal dubbele bindingen en de positie van de laatste dubbele binding ten opzichte van het terminale C-atoom in de methylgroep opgenomen. Zo wordt linolzuur afgekort als 18:2n–6. Dat betekent dat linolzuur achttien koolwaterstofeenheden bevat, waarvan twee koolwaterstofeenheden een dubbele binding hebben. De eerste hiervan zit op de zesde positie (tussen koolwaterstofeenheid 6 en 7, gerekend vanaf de methylgroep). Linolzuur wordt daarom ook wel een n-6- of omega-6-molecuul genoemd. a-linoleenzuur wordt afgekort als 18:3n–3. Dit betekent dat ook dit vetzuur een koolwaterstofketen heeft van achttien delen, waarvan er drie een dubbele binding hebben. De eerste van deze verbindingen zit tussen de koolwaterstofeenheden 3 en 4, gerekend vanaf de methylgroep. Dit vetzuur wordt ook wel n-3 of omega-3 genoemd.

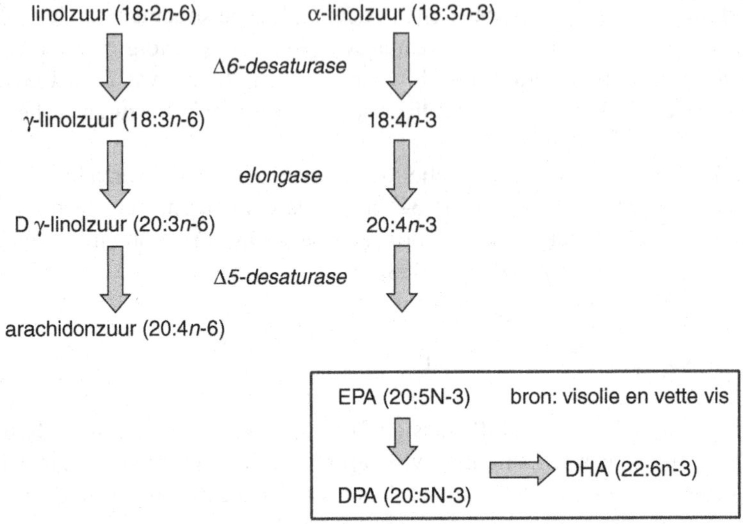

Figuur 4.8 Overzicht van de uit de n-6- en n-3-vetzuren afgeleide eicosanoïden. (Uit: Yaqoob en Calder 2007)

N-3- en n-6-vetzuren zitten in de volgende voedingsbronnen: plantaardige zaden, noten, oliën, margarine en wilde vissen (dus niet of nauwelijks in gekweekte vis). Ze kunnen, in tegenstelling tot n-9-vetzuren, niet door het lichaam zelf gemaakt worden. Wel kunnen n-3- en n-6-vetzuren verlengd en verkort worden in het lichaam door het metabole proces dat te zien is in fig. 4.8. Doordat n-6- en n-3-vetzuren dezelfde eiwitten gebruiken voor hun metabolisme, is er concurrentie tussen de twee metabole trajecten. In de meeste diëten komen meer n-6-vetzuren voor dan n-3-vetzuren; zo'n vijf tot twintig keer zo veel. Het eindproduct van n-6-vetzuren is arachidonzuur (20:4n–6) en die van n-3-vetzuren zijn de eicosanoïden (20:5n–3) EPA en docosahexaenoïnezuur (DHA). EPA en DHA worden vanwege hun ontstekingsremmende vermogen ook wel resolvinen genoemd.

4.6.1.2.2 Arachidonzuurmetabolisme

Macrofagen zijn de voornaamste bron van inflammatoire eicosanoïden. Tevens zijn macrofagen een belangrijk reservoir van MOVZ en van arachidonzuur, dat de bron is van de eicosanoïden: prostaglandinen, tromboxanen en leukotriënen.

Het arachidonzuurmetabolisme begint bij het activeren van bijvoorbeeld een macrofaag (fig. 4.9). Een extracellulair signaal van het immuunsysteem is opgevangen door een receptor van de macrofaag, die dit signaal vertaalt naar het cytosol (cytoplasma) van de cel. Fosfolipase A2 (PLase A2) splijt vervolgens de celmembraancomponent glycerofosfatidylcholine waardoor meervoudig onverzadigde vetzuren vrijkomen (glycerofosfolipiden zijn afkomstig uit de voeding en

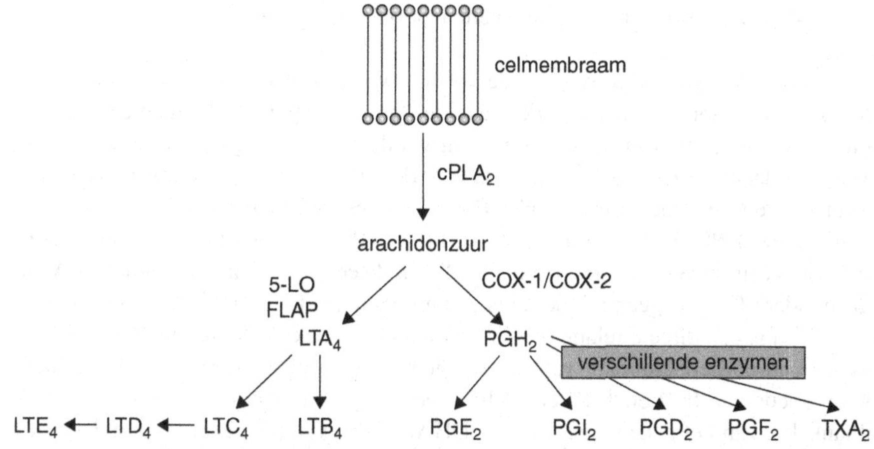

Figuur 4.9 Overzicht van arachidonzuurmetabolisme. (Uit: Huang en Peters-Golden 2008). *LO* lypo-oxygenase, *LT* leukotrieen, *PG* prostaglandine, *TX* tromboxaan, *COX* cyclo-oxygenase, *PLA2* phospholipase A2.

zijn een combinatie van glycerol met twee vetzuren in een esterbinding plus een polaire of geladen alcoholkopgroep in een fosfodi-esterbinding).

Ook arachidonzuur (AA) wordt hierdoor gevormd. AA kan nu bewerkt worden door twee verschillende enzymen. Ten eerste COX 1 of COX 2. Deze bewerken AA zodat prostaglandinen (PG) en tromboxanen (TX) geproduceerd worden. Prostaglandinen zorgen onder andere voor vaatverwijding en koorts; tromboxaan zorgt voor de vorming van bloedstolsels. AA kan ook bewerkt worden door lypo-oxygenase (LO), dat uiteindelijk in leukotrieen (LT) wordt gesplitst. Deze stof is met name belangrijk tijdens de resolutiefase van een immuunrespons.

4.6.1.2.3 Prostaglandine en tromboxaan versus leukotriënen

PG en TX hebben een tegenovergestelde werking aan LT op het immuunsysteem. PG en TX verminderen de functie van de witte bloedlichaampjes; er is verminderde infiltratie, verminderde productie van cytokinen en de Th1-cellulaire respons wordt gestimuleerd. In het algemeen, wat betreft de humorale antilichaamsynthese, de cellulaire immuunrespons, de vertraagd type overgevoeligheid, de NK-celactiviteit en de niet-specifieke afweer, hebben bepaalde PG en TX een remmend effect (zie hierna). Dat wil zeggen dat deze eicosanoïden anti-inflammatoire mediatoren zijn. Ook is PG belangrijk voor de crosslinking van collageen, hetgeen de formatie van bloedstolsels verbetert.

LT daarentegen stimuleert de activiteit van de witte bloedcellen en de productie van cytokinen, en ondersteunt de Th2-immuunrespons. Biosynthese van LT vindt vooral plaats in monocyten, macrofagen, granulocyten en mestcellen, en niet of nauwelijks in lymfocyten. Macrofagen worden gestimuleerd om IL-6 en IL-8 te produceren, de pro-inflammatoire Th2-kant (Huang en Peters-Golden 2008).

4.6.1.2.4 Arachidonzuur, voedingsvetten en ontstekingsremming

Als er meer omega-3-vetzuren aan de voeding worden toegevoegd, bijvoorbeeld in de vorm van visolie, is dit te merken aan de immuunrespons gedurende een ontsteking. Als n-3-vetzuren in de celmembraan worden verwerkt, gaat dit ten koste van AA. Doordat er minder AA aanwezig is voor de productie van PG-2, worden andere, minder potente vormen aangemaakt. Dus als er meer EPA in de celmembraan zit, wordt er meer PG-3 en LT-5 geproduceerd (i.p.v. PG-2, afkomstig uit de n-6-vetzuren). Er is een lineaire relatie: hoe meer EPA in de celmembraan, hoe minder AA en dus minder PG-2, hetgeen minder ontstekingscellen geeft en een betere klinische uitkomst. Dit is een directe relatie tussen voeding en ontstekingsremming. Zowel DHA als EPA in de celmembraan van macrofagen en monocyten vermindert bovendien de productie van IL-1 en TNF, en dit heeft een anti-inflammatoir effect. Dit effect is afhankelijk van het gehalte aan EPA en DHA, en dus van het gehalte aan n-3-vetzuren. Ten slotte worden er ook minder cel-adhesiemoleculen aangemaakt in het vasculaire endotheel, waardoor de celmigratie naar het ontstoken gebied zal afnemen.

Op grond van deze mechanismen, die nog volop onderzocht worden, kan gesteld worden dat visolie en andere bronnen van n-3-vetzuren, patiënten met chronische of acute ontstekingsverschijnselen ten goede komen. Hetzelfde kan worden verwacht van een voeding rijk aan linoleenzuur, met dien verstande dat linoleenzuur niet kan dienen als een voorloper van van lipo-oxygenase afkomstige producten. Vlees afkomstig van dieren die een n-3-rijke voeding hebben gekregen, kan meer n-3-vetzuren bevatten dan gekweekte vis die deze voeding niet heeft gehad. Dit maakt een verstandige keuze van bronnen voor n-3-vetzuren erg belangrijk. (Zo kan varkensvlees gezonder zijn dan kweekvis, als de dieren zijn gevoed met vismeel.) Uit recent onderzoek is gebleken dat er een directe relatie is tussen de inneming van vetzuren en de samenstelling van humane immuuncellen. Hoewel de mechanismen waarmee vetzuren de immuuncelfunctie beïnvloeden nog niet helemaal duidelijk zijn, is wel evident dat 'goede' vetzuren, zoals n–3, en de prostaglandines die daaruit voortkomen, zeer heilzaam zijn voor het stoppen en onderdrukken van ongewenste immuunresponsen. Continu en regelmatig gebruik is echter wel een voorwaarde, ze worden immers slecht opgeslagen.

4.6.2 Micronutriënten van belang voor het immuunsysteem

Niet alle micronutriënten zijn van belang voor het behoud van een gezond immuunsysteem. In deze paragraaf komen alleen de belangrijkste nutriënten voor het immuunapparaat aan bod. De vitaminen B6, foliumzuur, B12 en C zijn allemaal in water oplosbaar, waardoor het lichaam ze niet of slecht opslaat. De overbodige en verbruikte vitaminen worden uit het lichaam verwijderd met de urine. Een kleine hoeveelheid vitamine B12 kan echter wel worden opgeslagen in de lever. Vitaminen A, D en E zijn oplosbaar in vetten, zodat het lichaam ze wel kan opslaan.

4.6.2.1 Vitamine B6

Het immuunsysteem wordt op verschillende manieren gesteund door vitamine B6. Ten eerste is dit vitamine nodig voor de productie van antilichamen. De veelsoortigheid en uniciteit van het variabele domein van een antilichaam ontstaat door somatische hypermutatie: een genetisch proces waarbij antilichaamcoderend DNA in een B-cel wordt geknipt en genetisch verplaatst. Ook wordt de vitamine als co-enzym gebruikt in het antilichaammetabolisme. Een tekort aan vitamine B6 in het lichaam heeft een reeks van gevolgen op celniveau. Er is een verstoring in de productie van lymfocyten, NK-cellen, antilichamen en T-celactiviteit, waardoor een functionele immuundeficiëntie ontstaat. Ook is het immuunsysteem geneigd een Th2-reactie op te bouwen in plaats van een Th1-respons, als gevolg van een verminderde capaciteit van Th1 om IL-2 te produceren. Op lange termijn leidt dit tot huidontstekingen en glossitis.

4.6.2.2 Foliumzuur

Foliumzuur (vitamine B9 en B11) is onder andere betrokken bij de regulatie van de cellulaire tak van het immuunsysteem. Een tekort aan foliumzuur in het immuunsysteem vermindert de groei van de T-celpopulatie (stopt de celcyclus en leidt tot apoptose), waardoor de weerstand tegen infecties verslechtert. Ook is een tekort aan foliumzuur verantwoordelijk voor meer uracil in het DNA (uracil is een component van mRNA en hoort in het DNA veranderd te worden in thymine). In vitro is het mogelijk om deze effecten terug te draaien door foliumzuur toe te dienen. In klinisch onderzoek is aangetoond dat ouderen met extra foliumzuur in het dieet minder ontstekingen en infecties hebben.

4.6.2.3 Vitamine B12

Vitamine B12 (cobalamine) is mede verantwoordelijk voor de aanmaak van rode bloedlichaampjes en voor het onderhouden van het zenuwstelsel. Ook is deze vitamine betrokken bij het metabolisme van koolstofeenheden (CH2 en CH3) en foliumzuur. Een tekort aan vitamine B12 veroorzaakt een gebrek aan foliumzuur, doordat foliumzuur in het inactieve 5-methyltetrahydrofolaat wordt geconverteerd. Dit vermindert de productie van thymidine en purine, die RNA- en DNA-processen dusdanig verstoren dat de productie van antilichamen afneemt. De resultaten van klinisch onderzoek suggereren dat geactiveerde B-lymfocyten verschillende antilichamen niet meer efficiënt kunnen produceren. Ook is de ratio tussen CD8+, CD4+ T-lymfocyten en NK-cellen drastisch verstoord. Door injecties met hoge doses vitamine B12 kan het niveau van de T-cellen weer verbeteren. Bij een tekort aan vitamine B12 komen vaker ontstekingen en infecties voor. Tevens hebben patiënten met een tekort aan vitamine B12 (NK- en T-cellen) een verhoogde kans op maagkanker.

4.6.2.4 Vitamine C

Vitamine C (ascorbinezuur) ruimt de oxidanten op die het immuunsysteem produceert tijdens een infectie of ontstekingsreactie. Oxidanten in de extracellulaire ruimte verhinderen de communicatie tussen de cellen en tasten de celmembranen aan waardoor de immuunrespons vermindert. Deze vitamine voorkomt scheurbuik, stimuleert het wondhelingsproces en bevordert de opname van ijzer uit voeding. Vitamine C is te vinden in cellen van het immuunsysteem, voornamelijk in monocyten en granulocyten. In vivo is aangetoond dat het een stimulerend middel is voor de cellen van het immuunsysteem doordat een verbeterde migratie en versnelde infiltratie is waargenomen. Ook verbetert vitamine C de werking van T-cellen en verhindert het de aanmaak van pro-inflammatoire cytokinen en mediatoren (Th2) waardoor er gespeculeerd wordt dat de vitamine betrokken is bij het reguleren van de immuunreactie. Uit sommige onderzoeken blijkt dat vitamine C een antivirale werking kan hebben. Een verlaagde vitamine-C-concentratie in het lichaam heeft als gevolg minder monocyten en granulocyten op de plaats van een ontstekingsreactie, en een verminderde functie van T-lymfocyten.

4.6.2.5 Vitamine A

Vitamine A (retinol en bètacaroteen) is belangrijk voor de groei, voor gezonde botten en een gezonde huid, en voor de weerstand tegen ziekten. Deze vitamine is oplosbaar in vetten en reageert met alle retinolreceptoren (een klasse receptoren die overal in het immuunsysteem voorkomt en die ook het pigment van de ogen verzorgt). Vitamine A speelt een belangrijke rol in het immuunsysteem; bij een verlaagd vitamine-A-gehalte is de integriteit van het aangeboren slijmvliesepitheel zodanig aangetast dat er een verhoogde kans op infecties ontstaat in de ogen, luchtwegen en het maag-darmkanaal. Dit is gedeeltelijk verklaarbaar door minder slijmproducerende gobletcellen. Een lagere concentratie vitamine A schaadt de aangeboren immuniteit doordat de regeneratie van mucosale barrières geremd wordt. (Onlangs is aangetoond dat probiotica direct gobletcellen tot slijmproductie aan kunnen zetten.) Ook helpt deze vitamine bij het proces van fagocytose en onderhoudt het niveau en de potentie van NK-cellen. Activatie, differentiatie (in Th1 of Th2) en proliferatie van T-lymfocyten wordt ondersteund door vitamine A en de retinoïnezuurreceptoren. Symptomen van een verlaagd vitamine-A-gehalte manifesteren zich in diarree, slechter zicht en kwetsbaarheid voor respiratoire ziekten (Mora et al. 2008).

4.6.2.6 Vitamine D

Vitamine D (cholecalciferol) is voornamelijk bekend vanwege het vermogen om calcium op te nemen voor het onderhoud van tanden en botten, maar heeft ook een belangrijke rol in het immuunsysteem: het is een krachtige immunoregulator. Onlangs is wetenschappelijk aangetoond dat verscheidene cellen in het immuunsysteem vitamine-D-receptoren (VDR) hebben. Het actieve bestanddeel van vitamine D (1,25-digydroxycholecalciferol) ondergaat een interactie met de VDR, waardoor het immuunsysteem wordt bijgestuurd. Vooral CD8+ cytotoxische T-cellen hebben een hoge concentratie VDR in de celmembraan. Ook stimuleert een actieve VDR de overgang van monocyt tot macrofaag, en induceert apoptose in gesensibiliseerde Th1-cellen, wat nodig is om een immuunreactie te remmen. Dat is de reden dat gedacht wordt dat vitamine D auto-immuunziekten (Th1) kan helpen voorkomen. Een tekort aan vitamine D is gerelateerd aan een verhoogde kans op hart- en vaatziekten en osteoporose (broze botten).

4.6.2.7 Vitamine E

Vitamine E (tocoferol) is in vet oplosbaar en een antioxidant die het immuunsysteem versterkt. Op cellulair niveau stimuleert vitamine E de vermenigvuldiging van lymfocyten, verhoogt het de IL-2-productie (een sterkere Th1-respons) en verbetert het de fagocytose van macrofagen en granulocyten. Het verhoogt daardoor de algemene weerstand tegen besmettelijke agentia. Veel ouderen hebben een tekort aan vitamine E. Uit klinische tests is gebleken dat 200 mg extra vitamine E per dag de immuunrespons sterk verbetert; ontstekingen komen minder vaak voor dan in een vergelijkbare placebogroep. Extra vitamine E in de voeding van ouderen vermindert bovendien het gehalte aan vrije radicalen en stikstofmonoxide (NO).

4.6.2.8 Selenium

Selenium (seleen) is een antioxidant en een van de sporenelementen. Het is van belang voor het behoud van de DNA-integriteit, de celmembraanstructuur en het reguleren van oxidatieprocessen (redoxreacties). Ook is waargenomen dat selenium de productie van antilichamen na vaccinaties verhoogt. Een tekort aan selenium vermindert de concentratie IgM en IgG in het bloed doordat dit de antilichaamproductie remt. Selenium is vooral betrokken bij ontstekingsreacties waarbij peroxide, superoxide en vrije radicalen vrijkomen, en ook bij de activatie van granulocyten. Sommige onderzoeken laten zien dat selenium nodig is voor het bestrijden van bepaalde virussen. Bij ouderen is de seleniumconcentratie in het bloed lager. Een te laag niveau van selenium in de voeding is echter moeilijk en eigenlijk alleen op langere termijn vast te stellen. Een te hoge concentratie van selenium is zeer schadelijk en veroorzaakt onder andere haaruitval, broze nagels, vermoeidheid, misselijkheid en het kan ook het zenuwstelsel aantasten. De ADH is 50 mg tot een maximum van 300 mg. Selenium zit in graanproducten, vis en groenten.

4.6.2.9 Zink

Zink, een sporenelement, is belangrijk voor de groei, de smaakbeleving van voeding, het helen van weefsel en de algemene weerstand. Zink heeft een antioxidantwerking in het immuunsysteem. Verder werkt het mee aan het opruimen van cytotoxische stoffen die vrijkomen bij de cellulaire immuunrespons. Onderzoek heeft aangetoond dat extra zink in de voeding van ouderen effectiever is dan vitaminesupplementen voor het versterken van het immuunsysteem. Een tekort aan zink remt de functie van macrofagen, verschillende granulocyten, NK-cellen en het complementsysteem. Een nog lager zinkgehalte belemmert de productie van DNA, waardoor de genetische materie kwetsbaarder is voor oxidatie. In klinisch onderzoek met sikkelcelanemiepatiënten bleek zink nodig om een Th1-respons te ondersteunen. Ook is dit sporenelement een cofactor van het hormoon thymuline (aangemaakt in de zwezerik), een belangrijk hormoon dat T-celrijping mogelijk maakt. Niet-immunologische symptomen van een te laag zinkgehalte zijn een veranderd en verminderd smaak- en reukvermogen en een vertraagde heling van de huid. Een te hoog gehalte aan zink in het lichaam is ook niet bevorderlijk voor het immuunsysteem en werkt averechts; zink verandert dan in een pro-oxidant waardoor immuunprocessen worden verstoord. Symptomen van een te hoog gehalte aan zink zijn diarree, overgeven en buikpijn. De ADH van zink ligt tussen 9 en 25 mg. De bronnen van zink zijn vlees(waren), graanproducten, noten, kaas en schelpdieren.

4.6.2.10 Koper

Koper, een sporenelement, is goed voor de huid en speelt een rol bij het proces dat energie uit voeding haalt. Ook speelt koper een rol in de ontwikkeling van het immuunsysteem en in het onderhouden van de kwaliteit van het immuunsysteem. Koper is een katalysator voor anti-oxidantprocessen en het beschermt eiwitten, DNA en de celmembraan tegen oxidatie. Hoewel koper belangrijk is, blijkt het lastig om vast te stellen welke rol dit element precies in een immuunrespons speelt. Dit komt voor een deel doordat er geen specifieke biomarker is om het effect te meten en voor een ander deel doordat bij een kopergebrek de homeostase heel lang intact blijft.

4.6.2.11 IJzer

IJzer heeft een essentiële rol bij het transport van zuurstof door het lichaam. Dit sporenelement is belangrijk in erytrocyten, niet alleen voor de zuurstofdistributie, maar ook voor het reguleren van spiergroei (myosine), voor de differentiatie van cellen en als cofactor voor vele eiwitten en enzymen. In het immuunsysteem ondersteunt dit element de productie van cytokinen en is het een component in de productie van peroxide, toxische hydroxylradicalen, stikstofoxide en myeloperoxidase (alle stoffen die bijvoorbeeld bacteriën en virussen doden). Hiertegenover staat dat ook verscheidene bacteriën en virussen ijzer gebruiken voor hun levenscyclus. Te veel of te weinig ijzer in het lichaam is niet bevorderlijk voor het immuunsysteem. Te veel van het element komt minder vaak voor dan te weinig ijzer, hetgeen anemie veroorzaakt. Een te hoog gehalte voorkomt de productie van IFN, waardoor de macrofagen niet optimaal migreren naar het ontstekingsgebied en tevens minder fagocyteren. Symptomen zijn onder andere misselijkheid, hoofdpijn en een grijs kleurende huid. Bij te weinig ijzer is de kans op ontstekingen groter. Symptomen zijn gewichtsverlies, weinig energie en hoofdpijn. Het lichaam kan een ijzervoorraad opbouwen, waardoor een tekort aan het element pas ontstaat na een langdurige lage inneming. De ADH ligt tussen 7 en 15 mg, met een maximum van 45 mg. Voedingsbronnen zijn vlees, graanproducten en bladgroente.

4.7 Conclusie

Diëtisten en voedingskundigen kunnen de informatie over immunologische mechanismen en de rol van voeding hierbij goed gebruiken. Voeding kan de werking van het immuunsysteem bij de bestrijding van binnendringende ziekteverwekkers verbeteren, bijvoorbeeld door zink. Voeding kan de effecten van ongewenste ontstekingen verminderen, bijvoorbeeld door omega-3-vetzuren. Ook kan voeding de algemene weerstand verbeteren, door de darmgezondheid te verbeteren met behulp van oplosbare voedingsvezels zoals galacto- en fructo-oligosachariden of probiotica.

Behalve in de dagelijkse praktijk (dus bij gezonde personen), kan ook veel bereikt worden in de klinische setting. Immunonutritie is een terrein dat zich onder invloed van vele commerciële producten sterk aan het ontwikkelen is. De meest recente richtlijnen voor klinische immunovoeding zijn te vinden via bijvoorbeeld de website van de Nederlandse Vereniging voor Intensive Care (http://www.nvic.nl/richtlijnen).

In dit hoofdstuk is geprobeerd aan te geven dat goede voeding niet alleen directe effecten heeft, maar vooral belangrijk is om het gehele systeem in balans te houden. Een goed werkend immuunsysteem is namelijk altijd op de achtergrond actief. Een overmatige immuunreactie, zoals bij allergie, auto-immuniteit en sepsis, kan zeer negatief uitpakken en een onvoldoende immuunreactie maakt het voor binnendringende ziekteverwekkers en kanker wel erg makkelijk. Met name de nieuwe inzichten in de aangeboren immuniteit zullen de komende jaren grote invloed hebben op het gewenste voedingspatroon.

Literatuur

Akdis, C. Z. (2006). Auto-immunity, allergy and hypersensitivity. *Current Opinion in Immunology, 18*(6), 718–726.

Aubin, J., Remigy, M., Verseil, L., Bourdet-Sicard, R., Vaudaine, S., Werf, S. van der, et al. (2008). A probiotic fermented dairy product improves immune response to influenza vaccination in the elderly. *The Proceedings of the Nutrition Society, 67*. Vaccine; in press.

Bender, D. A. (2007). *Nutrition and Metabolism*. (4th ed.). CRC publishers.

Boelens, J. J., Bierings, M., Tilanus, M., Lie, J., & Sedlacek, P.(2008). Outcomes of transplantation of unrelated cord blood in children with malignant and non-malignant diseases: An Utrecht-Prague collaborative study. *Bone Marrow Transplant.*

Chapel, H., Haeney, M., Misbah, S., & Snowden, N. (2006). *Essentials of Clinical Immunology.* (5th ed.). Blackwell Publishing.

Coico, R., Sunshine, G., & Benjamini, E. (2003). *Immunology*. A Short Course: Wiley-Liss.

Elias, P. M., Hatano, Y., & Williams, M. L. (2008). Basis for the barrier abnormality in atopic dermatitis: outside-inside-outside pathogenic mechanisms. *The Journal of Allergy and Clinical Immunology, 121*(6), 1337–1343.

Fontana, L., & Klein, S. (2007). Aging, adiposity and caloric restriction. *JAMA, 297*(9), 986–994.

Gosselink, M. P., Schouten, W. R., Lieshout, L. M. van, Hop, W. C., Laman, J. D., & Ruseler-van Embden, J. G. (2004). Delay of the first onset of pouchitis by oral intake of the probiotic strain Lactobacillus rhamnosus GG. *Diseases of the Colon and Rectum, 47*(6), 876–884.

Gould, H. J., & Sutton, B. J. (2008). IgE in allergy and asthma today. *Nature Reviews Immunology, 8*, 205–217.

Guarner, F., Bourdet-Sicard, R., Brandtzaeg, P., Gill, H. S., McGuirk, P., Eden, W. van, et al. (2006). Mechanisms of disease: the hygiene hypothesis revisited. *Nature Clinical Practice Gastroenterol Hepatol, 3*(5), 275–284.

Hanifin, J. M. (2008). Evolving concepts of pathogenesis in atopic dermatitis and other eczemas. Montagna symposium on the biology of skin. *Journal of Investigative Dermatology Advance*, 1–3.

Hayes, D. P. (2007). Nutritional hormesis. *European Journal of Clinical Nutrition, 61*, 147–159.

Holloszy, J. O., & Fontana, L. (2007). Mini review. Caloric restriction in humans. Experimental Gerontology,*42*, 709–712.

Hoogland, A. (2007). BCAA's; meer dan alleen spiervoedsel. *Van Nature, 4*, 22–23.

Huang, K. S., & Peters-Golden, M. (2008). Eicosanoid lipid mediators in fibrotic lung diseases: Ready for prime time? *Chest, 133*, 1442–1450.

Kalliomäki, M., Salminen, S., & Isolauri, E. (2008). Positive interactions with the microbiota: probiotics. *Advances in Experimental Medicine and Biology, 635*, 57–66.

Kelsall, B. L. (2008). Innate and adaptive mechanisms to control pathological intestinal inflammation. *Journal of Pathology, 214*(2), 242–259.

Li, P., Yin, Y. L., Li, D., Kim, S. W., & Wu, G. (2007). Amino acids and immune function. *British Journal of Nutrition, 98*(2), 237–252.

McFarland, L. V. (2006). Meta-analysis of probiotics for the prevention of antibiotic associated diarrhea and the treatment of clostridium difficile disease. *American Journal of Gastroenterology, 101*, 812–822.

Medzhitov, R. (2008). Origin and physiological roles of inflammation. *Nature, 454*, 428–435.

Mora, J. R., Iwata, M., & Andrian, U. H. von. (2008). Vitamin effects on the immune system: vitamins A and D take centre stage. *Nature Reviews Immunology.*

Palsson-McDermot, E. M. (2007). 'Niell LA. Building an immune system from nine domains. *Biochemical Society Transactions, 35*(6), 1437–1444.

Penders, J., Stobberingh, E. E., Brandt, P. A. van den, & Thijs, C. (2007). The role of the intestinal microbiota in the development of atopic disorders. *Allergy, 62*(11), 1223–1236.

Ramaglia, V., Daha, M. R., & Baas, F. (2007). The complement system in the peripheral nerve: Friend or foe? *Biochemistry Society Transactions, 35*(6), 1437–1444.

Sayed, B. A., Christy, A., Quirion, M. R., & Brown, M. A. (2008). The master switch: The role of mast cells in auto-immunity and tolerance. *Annual Review of Immunology, 26*, 705–739.

Sicherer, S. H., & Burks, A. W. (2008). Maternal and infant diets for prevention of allergic diseases: understanding menu changes in 2008. *The Journal of Allergy and Clinical Immunology, 122*(1), 29–33.

Stecher, B., & Hardt, W. D. (2008). The role of microbiota in infectious disease. *Trends in Microbiology, 16*(3), 107–114.

Szajewska, H., Skórka, A., Ruszczynski, M., & Gieruszczak-Bialek, D. (2007). Meta-analysis: Lactobacillus GG for treating acute diarrhoea in children. *Alimentary Pharmacology and Therapeutics 25*(8), 871–881.

Vericelli, D. (2008). Advances in asthma and allergy genetics in 2007. *The Journal of Allergy and Clinical Immunology, 122*(2), 267–271.

Summers, R. W., Elliott, D. E., Weinstock, J. V. (2006). Therapeutic colonization with Trichuris suis. *Archives of Pathology and Laboratory Medicine, 130*(12), 1753. Author reply: 1753–1754.

Wintergerst, E. S., Maggini, S., & Hornig, D. H. (2007). Contribution of selected vitamins and trace elements to immune infection. *Annals of Nutrition & Metabolism, 51*(4), 301–323.

Wouters, S. (2006). Glutamine; veel voorkomend, maar ook vaak deficiënt. *Van Nature, 3*, 41–43.

Wolowczuk, I., Verwaerde, C., Viltart, O., Delanoye, A., Delacre, M., Pot, B., et al. Feeding our immune system: impact on metabolism. *Clinical and Developmental Immunology*, 639803, 19 pag.

Yaqoob, P., & Calder, P. C. (2007). Fatty acids and immune function: new insights into mechanisms. *British Journal of Nutrition, 98*(Suppl 1), S41–45.

Yujing, B., Guangwei, L., & Ruifu, Y. (2007). Th17 cell induction and immune regulatory effects. *Journal of Cellular Physiology, 211*(2), 273–278.

Hoofdstuk 5
Voeding bij dunnedarmaandoeningen

Augustus 2016

L. van der Aa en C. Bijl

Samenvatting In dit hoofdstuk wordt ingegaan op diverse frequent en minder frequent voorkomende dunnedarmaandoeningen. Gezien de belangrijke functie van de dunne darm bij de vertering en absorptie is goed voor te stellen dat dunnedarmaandoeningen grote gevolgen kunnen hebben voor de voedingstoestand van patiënten. Het risico op het ontstaan van ondervoeding en/of deficiënties is groot door bijvoorbeeld vergrote verliezen of een verminderde absorptiecapaciteit. Om dit alles goed in kaart te brengen is de diagnostische fase, waarbij bijvoorbeeld door fecesanalyse de verliezen beter geobjectiveerd kunnen worden, erg belangrijk. Hierop dient de dieetbehandeling afgestemd te worden.

5.1 Inleiding

Patiënten met dunnedarmaandoeningen kunnen ten gevolge van hun ziekte te maken krijgen met diverse voedingsproblemen, zoals braken, diarree, anorexie, malabsorptie, intoleranties. Dergelijke problemen hebben vaak gevolgen voor de voedingstoestand van de patiënt. Dit hoofdstuk gaat in op de fysiologie, pathologie en behandeling van de belangrijkste aandoeningen van de dunne darm en de dieetbehandeling hierbij.

L. van der Aa (✉)
Diakonessenhuis Utrecht/Zeist/Doorn, Utrecht, The Netherlands

C. Bijl
VU medisch centrum, Amsterdam, The Netherlands

M. Former, G. van Asseldonk, J. Drenth, J. van Duinen (Red.), *Informatorium voor Voeding en Diëtetiek*, DOI 10.1007/978-90-368-1259-7_5

5.2 Fysiologie en functies van de dunne darm

De dunne darm bestaat uit verschillende onderdelen, te weten het duodenum ofwel twaalfvingerige darm, het jejunum ofwel de nuchtere darm en het ileum ofwel de kronkeldarm. De lengte van de dunne darm varieert van 4 tot 8 meter, met een gemiddelde van circa 6 meter.

In de dunne darm vindt een groot deel van de vertering van het voedsel plaats met behulp van spijsverteringssappen, enzymen en andere hulpstoffen, afkomstig van de darmwand, de alvleesklier en de galblaas. Hier vindt ook het grootste deel van de opname van verteringsproducten, vitaminen en mineralen door de darmwand plaats, waarbij het overgrote deel van de voedingsstoffen in de eerste 1 tot 1,5 meter van het jejunum geabsorbeerd wordt. Om dit resorptieproces efficiënt te laten verlopen heeft de darm een enorm oppervlakte. Dit wordt gevormd door het oppervlak van de darmwand die bestaat uit talrijke slijmvliesplooien (darmvlokken of villi) die bezet zijn met minuscule uitstulpinkjes (microvilli), die samen de borstelzoom vormen.

5.3 Diarree

Ziekten van de dunne darm geven vaak aanleiding tot diarree. Dit is een symptoom en geen diagnose.

5.3.1 Prevalentie

Per jaar maken in Nederland ongeveer 4,5 miljoen personen een episode van gastro-enteritis door. Een klein deel van hen doet een beroep op de huisarts. Op grond van huisartsenregistraties wordt de incidentie van acute gastro-enteritis geschat op 11 per 1.000 patiënten per jaar. In de leeftijdscategorie 0 tot 4 jaar is de incidentie het hoogst. Minder dan 1 % van de aan de huisarts gepresenteerde gevallen van gastro-enteritis leidt tot een ziekenhuisopname. In Nederland overleden in 2010 160 mensen door diarree. Dit waren vooral ouderen: 93 % was ouder dan 65 jaar en 70 % ouder dan 80 jaar (Belo 2014).

5.3.2 Pathologie

Diarree is de productie van een te volumineuze ontlasting die meer vocht en zouten bevat dan normaal. Er zijn veel definities van diarree. Een patiënt ervaart bij diarree vaak een wat minder gevormde ontlasting. Van diarree is echter pas sprake als de defecatiefrequentie ≥4 keer per dag is, de feces van een minder gevormde consistentie (Bristol-schaal type 6 of 7) is en de totale fecesproductie meer dan 250 gram bedraagt (Kruizenga en Wierdsma 2014).

Pathofysiologisch kan diarree worden ingedeeld in osmotische en secretoire diarree. Van osmotische diarree is sprake als er een vertraagde resorptie van water en elektrolyten is ten gevolge van een ophoping van niet-resorbeerbare stoffen in het darmlumen of hypertone darminhoud. Secretoire diarree ontstaat door actieve secretie van ionen. Diarree met een hoog natriumgehalte ontstaat doordat het colon de overmaat aan water en ionen niet kan resorberen.

5.3.3 Etiologie

Vooral bij chronische diarree (langer durend dan 3 à 4 weken) komen vele ziekteoorzaken in aanmerking. De meeste dunnedarmziekten die chronische diarree geven, zijn van ontstekingsachtige aard met stoornissen in de resorptie, belemmerde lymfeafvoer (met 'protein losing' als gevolg) en/of een versnelde passage als gevolg van een gestoorde motiliteit.

Acute diarree kan veroorzaakt worden door verschillende ziekteverwekkers waarvan hier een aantal wordt genoemd.

- Virale verwekkers waarbij de norovirussen en het rotavirus de meest voorkomende zijn.
- Bacteriële verwekkers, waaronder de *Campylobacter jejuni, E. coli* en *Yersinia enterocolitica,* die kunnen voorkomen in vlees en vleesproducten. Het zijn in Nederland de belangrijkste veroorzakers van gastro-enteritis. Vooral baby's, jonge kinderen, bejaarden en patiënten met een sterk verminderde afweer zijn extra gevoelig voor deze infectie. Tot de zeldzamere oorzaken van diarree behoort de toxineproducerende bacterie *Clostridium difficile.* Kolonisatie met deze bacterie komt vooral voor in ziekenhuizen, maar ook wel daarbuiten. Risicofactoren zijn hoge leeftijd, ernstige ziekte en maagzuurremming. Een behandeling met antibiotica kan tot drie maanden na de behandeling klachten uitlokken.
- Parasieten zijn minder vaak de verwekker van acute diarree. Parasieten hebben een gastheer (in dit geval de mens) nodig om te kunnen overleven. Giardia lamblia is een parasiet die wereldwijd voorkomt, maar vooral in tropische gebieden. In Nederland komt een infectie met de Giardia lamblia regelmatig voor en vooral bij kinderen. Dientamoeba fragilis leeft van onze darminhoud. Het lijkt erop dat met name kinderen veel last kunnen hebben van een besmetting met de Dientamoeba fragilis. Infecties met Cystoisospora belli ontstaan door inname van besmet voedsel of water vaak na bezoek aan de (sub)tropen.

Andere oorzaken van acute diarree kunnen zijn:

- Gebruik van geneesmiddelen met als bijwerking diarree, zoals gezien kan worden bij antibiotica of metformine, intoxicatie of misbruik van geneesmiddelen (Belo 2014).
- Mogelijk als gevolg van diabetische neuropathie bij patiënten met diabetes, maar ook door een overmatig gebruik van sorbitol of andere polyolen (meer dan 30–40 g per 24 uur).
- Verstoring van het normale evenwicht aan darmbacteriën, ook wel dysbacteriotische diarree, vaak rottingsdiarree. De oorzaak is meestal secundair aan andere aandoeningen, zoals cholelithiasis, obstipatie, status na maag- of ileumresectie en adhesies. Ook gistingsdiarree of een combinatie van beide is mogelijk. De behandeling bestaat uit het geven van antibiotica.

5.3.4 Klinische verschijnselen en diagnostiek

Vooral bij chronische diarree zal specialistisch onderzoek noodzakelijk zijn om tot de juiste diagnose te komen. Anamnestisch is het belangrijk navraag te doen naar consistentie, frequentie, kleur en mogelijk steatorroe (vettige ontlasting).

Het laten verzamelen van de feces gedurende enkele dagen is aan te raden om de omvang van het probleem in kaart te brengen. Ook kan dan een drogestofbepaling worden verricht en een kwantitatief onderzoek van het vetverlies. Deze bepalingen zijn ook nodig om osmotische en secretoire diarree van elkaar te kunnen onderscheiden.

5.3.5 Behandeling

Bij de behandeling van diarree moet allereerst de patiënt en zijn water- en zouthuishouding worden beoordeeld om eventuele dehydratie te kunnen vaststellen. Verder dient de oorzaak te worden opgespoord en indien mogelijk behandeld. Het symptoom diarree wordt in een enkel geval behandeld met medicijnen (bijv. loperamide of psylliumvezels).

Relatief nieuw, maar wel ingezet primair ter bestrijding van chronische diarree veroorzaakt door de *Clostridium difficile*-bacterie, is de fecestransplantatie. Hierbij wordt door het inbrengen van donorontlasting de gezonde bacterieflora ingebracht in een darm die door deze bacterie is aangedaan (Nood 2013).

5.3.6 Dieetbehandeling

De dieetbehandeling hangt sterk af van de oorzaak van de diarree. Het is in elk geval belangrijk om het verlies aan vocht te compenseren met een vochtrijk dieet

(>2 liter vocht per dag). Een voeding met 30–40 gram voedingsvezels (volgens de *Richtlijnen goede voeding*) wordt veelal aanbevolen om de ontlasting te laten indikken. Aandachtspunten bij het dieet zijn tevens het gebruik van lactose (kan beperkt worden indien lactosebevattende producten aanleiding geven tot diarree), natrium en kalium. Met de diarree kunnen aanzienlijke hoeveelheden elektrolyten verloren gaan, die aangevuld moeten worden met de gewone voeding (soms is suppletie van extra natrium nodig), op geleide van de klachten en de laboratoriumuitslagen.

Voor het adviseren van probiotica bij diarree is op dit moment niet voldoende bewijs. Probiotica worden niet aangeraden ter behandeling van acute diarree, ter preventie van met antibioticagebruik geassocieerde diarree of ter preventie van reizigersdiarree (Belo 2014).

Voor verdere uitwerking van de behandeling van malabsorptie: par. 5.11.

5.4 Lactose-intolerantie

Om lactose goed te kunnen verteren hebben we het enzym lactase nodig. Lactase wordt in de dunnedarmwand aangemaakt. Als er geen of niet voldoende lactase wordt aangemaakt, kan lactose in onze voeding niet goed verteerd worden: lactose-intolerantie.

5.4.1 Prevalentie

De prevalentie van lactose-intolerantie varieert voor de verschillende etnische en raciale groepen. Recente getallen zijn er niet, maar over de prevalentie is bekend dat 2/3 van de wereldbevolking lactose-intolerant is. De prevalentie varieert van boven de 50 % in Zuid-Amerika en Afrika tot bijna 100 % in Aziatische landen. In de Verenigde Staten is de prevalentie 15 %. In Europa variëren de cijfers tussen 1–2 % in Nederland en Scandinavische landen en 70 % in Zuid-Europese landen (Vesa 2000).

5.4.2 Pathologie

Bij een lactose-intolerantie blijft lactose ongesplitst in het darmlumen achter. Door de osmotische werking wordt de waterabsorptie bemoeilijkt of wordt water (en dus ook zouten) zelfs naar het darmlumen uitgescheiden. In de dikke darm breken darmbacteriën de lactose af, waardoor gisting ontstaat en er gassen vrijkomen. Zo ontstaat gistingsdiarree.

Het gaat bij lactose-intolerantie specifiek om het melksuiker wat onvoldoende gesplitst kan worden. Dit heeft niets te maken met het verdragen van melkeiwit. Het is belangrijk dit verschil ook aan patiënten uit te leggen. Verwarring met een koemelkeiwitallergie dient voorkomen te worden.

5.4.3 *Etiologie*

Lactose-intolerantie wordt meestal veroorzaakt door een lactasedeficiëntie. Dit is een gebrek aan of verminderde activiteit van het enzym lactase in de borstelzoom van het dunnedarmslijmvlies, waardoor lactosemalabsorptie ontstaat. Deze lactasedeficiëntie ontstaat vaak in de kindertijd wanneer de lactaseproductie afneemt. Dit noemen we primaire lactose-intolerantie.

Soms is de lactose-intolerantie een bijkomend verschijnsel bij andere darmafwijkingen die gepaard gaan met overmatige bacteriegroei of beschadiging van de darmwand, bijvoorbeeld bij (chronische) darmontsteking, na een darmoperatie of bestraling van de darm. Hierbij is de darmwand niet meer in staat voldoende lactase aan te maken. Deze vorm noemen we secundaire lactose-intolerantie en kan tijdelijk zijn.

Een zeer zeldzame vorm is aangeboren (congenitale) lactose-intolerantie. Hierbij maken mensen vanaf de geboorte geen of zeer weinig lactase aan – zo weinig dat zij ook geen moedermelk verdragen. Deze vorm blijft levenslang bestaan.

5.4.4 *Klinische verschijnselen en diagnostiek*

Lactose-intolerantie kan gepaard gaan met rommelingen, pijn en/of krampen in de buik. De diarree is vaak groenig en ruikt zuur (pH <5). Doorgaans wordt de waterstofademtest toegepast, waarbij na toediening van een lactosedrank de hoeveelheid waterstof (H2) in de uitademingslucht bepaald wordt. In normale omstandigheden is dat heel weinig, maar indien de lactose onverteerd blijft, komt er in het colon onder andere waterstof vrij. Dit wordt voor een deel geabsorbeerd in het bloed en wordt uitgescheiden via de uitademing.

5.4.5 *Behandeling*

Bij primaire en secundaire lactose-intolerantie is een lactosebeperkt dieet nodig; vaak is er wel een bepaalde mate van tolerantie en is dus een lactosevrije voeding niet nodig. De mate waarin lactose beperkt moet worden om klachten te voorkomen kan verschillen. De drempelwaarde is hiervoor moeilijk te geven, zoals is

Tabel 5.1 Gemiddelde hoeveelheid lactose in diverse zuivelproducten. (Bron: www.voedingscentrum.nl)

voedingsmiddel (per eenheid)	lactose (g)[a]
beker melk, vol (250 ml)	11
beker melk, mager, halfvol (250 ml)	12
beker karnemelk (250 ml)	9
schaaltje yoghurt, vol (150 ml)	3
schaaltje yoghurt, mager/halfvol (150 ml)	7,0
schaaltje vruchtenkwark (150 ml)	1
mozzarella (125 g)	6,0
harde Hollandse kaas	0

[a]Initieel gehalte. Dit is het gehalte na bereiding/verpakken. Het lactosegehalte kan door de nog aanwezige enzymen (bètagalactosidase) nog verder dalen.

gebleken uit onderzoek: deze is individueel verschillend. Er kan gebruik worden gemaakt van speciale enzympreparaten, die zorgen voor gedeeltelijke splitsing van lactose in melkproducten, buiten het maag-darmkanaal (Vesa 2000).

5.4.6 Dieetbehandeling

Meestal voldoet een lactosebeperkt dieet. Omdat de splitsingsmogelijkheid van lactose zelden tot nul is gereduceerd, zal een strikt lactosevrij dieet (<5 g lactose per 24 uur) zelden nodig zijn.

Lactose komt voor in koemelk, maar ook in geitenmelk en schapenmelk. Bij het dieet worden aanvankelijk melk en lactosebevattende (melk)producten weggelaten (tab. 5.1). Wanneer de klachten zijn verdwenen, kan de hoeveelheid lactose weer worden uitgebreid. Gefermenteerde (zure) melkproducten, zoals yoghurt en kwark, worden in de praktijk beter verdragen dan zoete melkproducten. Zure melkproducten bevatten namelijk bacteriën die het enzym bètagalactosidase produceren, dat lactose kan afbreken. Een kwart liter yoghurt of kwark, en in mindere mate melk, geeft meestal geen problemen, mits verdeeld over twee of drie porties per dag. De meeste allochtone 'medelanders', zoals Turken, verdragen melk bijvoorbeeld slecht, maar gebruiken veel yoghurt.

Met behulp van een enzympreparaat (KeruLac®) kan van gewone melk lactosearme melk worden gemaakt. Het preparaat bevat lactase, dat in 24 uur het grootste deel van de lactose omzet. Het preparaat is niet te gebruiken in vla, pap of zure melkproducten. Kerutabs® zijn tabletten die het enzym lactase bevatten. Die kunnen tijdens een maaltijd worden ingenomen en splitsen het grootste gedeelte van lactose in de maaltijd. Daarnaast bestaat er diverse merken kant-en-klare lactosevrije melk. Ook zijn er alternatieven als soja-, rijst-, kokosnoot- en amandelmelk verkrijgbaar, die van nature lactosevrij zijn.

Als lactosebevattende voedingsmiddelen gelijktijdig worden gebruikt met vaste voeding, treden er meestal minder gastro-intestinale verschijnselen op. Bij uitzondering wordt er in het geheel geen lactose verdragen en moet een lactosevrij dieet gevolgd worden. Men dient dan ook rekening te houden met lactose die verwerkt is in tal van producten, zoals koek en gebak en in tandpasta, geneesmiddelen en vitaminepreparaten. Het is echter niet waarschijnlijk dat mensen ernstige klachten ontwikkelen na consumptie van een enkel tabletje waarin lactose is verwerkt.

5.4.6.1 Duur van het dieet

Na het weglaten van lactose kunnen veel patiënten geleidelijk aan weer lactosebevattende voedingsmiddelen introduceren, in kleine hoeveelheden en verdeeld over de dag, tot wat maximaal wordt verdragen. Bij een lactose-intolerantie zonder lactasedeficiëntie vervalt het lactosebeperkt dieet veelal na behandeling van de oorzaak.

5.4.6.2 Deficiënties

Bij een lactosebeperkt dieet is de voorziening van calcium en riboflavine (vitamine B_2) een punt van aandacht. Harde Nederlandse kaas en sojamelk bevatten geen lactose en zijn een goede bron van calcium. De andere producten die van nature lactosevrij zijn en als alternatief voor melk gebruikt kunnen worden, bevatten veelal minder calcium en vitamine B_2 dan gewone melk. De hoeveelheid calcium en vitamine B_2 is per merk verschillend.

5.5 Coeliakie

5.5.1 Prevalentie

Naar schatting hebben in Nederland zo'n 160.000 mensen coeliakie. De meeste van hen, zo'n 135.000, weten nog niet dat ze coeliakie hebben (Nederlandse Coeliakie Vereniging, www.glutenvrij.nl).

Ongeveer een kwart van de patiënten wordt op kinderleeftijd gediagnosticeerd, een kwart op oudere leeftijd (>60 jaar) en de grootste groep betreft vrouwen in de vruchtbare leeftijd (ook hoofdstuk 'Coeliakie bij kinderen').

5.5.2 Pathologie

Coeliakie wordt veroorzaakt door een overgevoeligheid voor gluten. Gluten is een eiwitbestanddeel in tarwe, rogge, spelt, kamut en gerst. Bij intolerantie voor gluten ontstaat bij inname van gluten een (partiële) vlokatrofie van de dunne darm en ontsteking van het darmslijmvlies. Een onbehandelde coeliakie of refractaire coeliakie (onvoldoende herstel van de darm ondanks een strikt glutenvrij dieet) geeft een aanzienlijk verhoogde kans op het ontstaan van kwaadaardige afwijkingen, met name non-Hodgkinlymfoom van de dunne darm, EATL (Enteropathy Associated T-cell Lymfoom).

Het is belangrijk om coeliakie niet te verwarren met tarweallergie, waarbij een allergie aanwezig is voor specifiek tarwe-eiwitten en niet voor gluten (een glutenallergie bestaat niet).

Verder zijn er mensen met coeliakie-achtige klachten, bij wie geen coeliakie of tarwe-allergie aangetoond kan worden, die zich toch beter voelen met een glutenvrij dieet. Deze glutensensitiviteit is nog tamelijk onbekend, maar vanaf 2012 opgenomen op de lijst van glutengerelateerde diagnoses (Nijeboer et al. 2013).

5.5.3 Etiologie

De etiologie van coeliakie is nog onbekend. Waarschijnlijk spelen genetische factoren een belangrijke rol. Er zijn sterke associaties met de erfelijke weefselantigenen HLA-DQ2 HLA-DQ8 (Pena en Wijmenga 2001) en ook weefseltransglutaminase lijkt een belangrijke rol te spelen als auto-immuunantigeen.

Bij mensen met diabetes mellitus type 1, selectieve IgA-deficiëntie, niet-specifieke gewrichtsaandoeningen, leveraandoeningen, auto-immuunthyroïditis en auto-immuunhepatitis komt coeliakie iets vaker voor (Bastiani 2014).

5.5.4 Klinische verschijnselen en diagnostiek

De klinische presentatie is erg gevarieerd. Klachten op gastro-intestinaal gebied kunnen zijn diarree, gewichtsverlies, groeiachterstand (bij kinderen), braken, buikpijn, opgezette buik al of niet met rommelingen, anorexia en obstipatie. Daarnaast kunnen er klachten optreden als vermoeidheid en lusteloosheid. Recidiverende ijzergebreksanemie kan echter ook het enige symptoom zijn (Fasano en Catassi 2001).

Patiënten met coeliakie hebben vanwege het risico op vitamine D-deficiëntie een verhoogd risico op een verminderde mineraaldichtheid en het ontstaan van osteoporose. Geadviseerd wordt bij elke patiënt met coeliakie een botdichtheidsonderzoek te doen en dit om de vijf à tien jaar te herhalen (Bastiani 2014).

De diagnose coeliakie wordt vermoed aan de hand van het klachtenpatroon, aangevuld met serologisch en eventueel genetisch onderzoek, en bevestigd met histologisch onderzoek.

Serologisch onderzoek Bepaling van IgA-TG2A (transglutaminase type 2-antistoffen) en IgA-EMA (endomysium-antistoffen) in het serum. Deze serologie kan tevens worden gebruikt voor follow-up nadat coeliakie is vastgesteld; de antistoffen dalen en worden op den duur negatief bij het volgen van een glutenvrij dieet (Hopper et al. 2008).

Genetisch onderzoek Genetisch onderzoek op HLA-DQ-typering (bepaling HLA-DQ2 en HLA-DQ8) is zinvol voor het uitsluiten van (toekomstige) coeliakie in risicogroepen (bijvoorbeeld bij familieleden van coeliakiepatiënten) en ter onderbouwing van de diagnose bij twijfel over de aanwezigheid van coeliakie. De uitslag ervan is in tegenstelling tot serologisch onderzoek niet afhankelijk van glutengebruik door de patiënt (Bastiani 2014).

Histologisch onderzoek Dit omvat onderzoek van – door middel van biopsie afgenomen – weefsel van het darmslijmvlies in het duodenum descendens en in de bulbus. Het darmslijmvlies wordt door de patholoog beoordeeld en vaak ingedeeld volgens een in Nederland gemodificeerde Marsh-classificatie.

5.5.5 Behandeling

De therapie bestaat uit het levenslang volgen van een strikt glutenvrij dieet. Bij een strikt glutenvrije voeding kunnen de darmvlokken zich weer herstellen. Dit kan twee tot vijf jaar duren. Kleine hoeveelheden gluten kunnen de ziekte doen opvlammen.

Voor uitgebreide achtergronden over de ziekte, behandeling en complicaties van coeliakie, zie Dieetbehandelingsrichtlijn 10 (Bastiani 2014).

5.5.6 Dieetbehandeling

Het principe van het glutenvrije dieet is de laatste zestig jaar niet veranderd, maar het aanbod en de samenstelling van voedingsmiddelen zijn sterk gewijzigd en uitgebreid.

5.5.6.1 Gluten en glutenvrije producten

Het glutenvrije dieet houdt in dat (gluten in) tarwe, rogge, spelt, kamut en gerst en mogelijk ook gierst moeten worden vermeden. Glutenvrije granen als haver en boekweit kunnen ten gevolge van vervoer, opslag en verwerking gecontamineerd zijn met tarwe. Daarom passen alleen gecertificeerd glutenvrije haver en boekweit binnen een glutenvrij dieet. Diverse Nederlandse 'glutenvrij'-producenten zijn begonnen met het op de markt brengen van gecertificeerde glutenvrije haverproducten. Glutenvrije graansoorten zijn bijvoorbeeld rijst, maïs, boekweit, quinoa, guarpitmeel, johannesbroodpitmeel, sago, amaranth en teff. Maar ook arrowroot, cassave, tapioca, aardappel(zet)meel, agar-agar, gelatine en xanthaangom kunnen gebruikt worden in het glutenvrije dieet.

Sinds eind 2014 is een nieuwe etiketteringswetgeving van kracht, waarbij aanwezige allergenen moeten worden opgenomen in de lijst met ingrediënten en moeten opvallen tussen de rest door bijvoorbeeld gebruik te maken van een afwijkend lettertype. Dit geldt zowel voor voorverpakte, verpakte als onverpakte producten. Hetzelfde geldt voor restaurants: zij moeten in staat zijn hun klanten te informeren over de allergenen in gerechten. Om de juiste keuze te maken uit het ruime assortiment verpakte en bewerkte voedingsmiddelen kan er gebruik worden gemaakt van een glutenvrije merkartikelenlijst. Deze lijst wordt ieder jaar opnieuw opgesteld door de allergenendatabank en uitgegeven door het Voedingscentrum. De gegevens worden verstrekt door de fabrikanten. Een kanttekening is dat in de loop van een jaar de samenstelling van een product kan veranderen door verwerking van andere (bijv. goedkopere) grondstoffen, die mogelijk gluten bevatten. Een tweede kanttekening is dat het geen compleet overzicht is, omdat fabrikanten niet verplicht zijn medewerking te verlenen. Er zijn een online database (www.livaad.nl) en website (www.PSinfoodservice.nl) beschikbaar om productgegevens na te zoeken. De fabrikant geeft in het digitale overzicht aan welke allergenen de producten bevatten. Het risico op contaminatie of het glutenvrije logo staat bij een product vermeld als dit ook op de verpakking staat.

Er zijn vele voedingsmiddelen die tarwezetmeel of (gemodificeerd) zetmeel bevatten. Fabrikanten zijn verplicht om de glutenbevattende bron te vermelden bij (gemodificeerd) zetmeel. Wordt die niet genoemd, dan is het (gemodificeerd) zetmeel van een glutenvrije bron (zoals maïs). Gewoon tarwezetmeel wordt in gewone voedingsmiddelen gebruikt en niet geanalyseerd op glutengehalte. Het eindproduct kan te veel gluten bevatten en valt dan niet binnen de norm voor glutenvrije dieetproducten.

In de Codex Alimentarius is voor glutenvrije producten een grenswaarde vastgesteld van minder dan 20 mg gluten per kg product (<20 ppm). Wanneer een patiënt meerdere glutenvrije producten met deze maximale hoeveelheid gluten zou eten, kan er sprake zijn van glutenstapeling en alsnog een te hoge gluteninname, waardoor klachten kunnen ontstaan.

5.5.6.2 Contaminatie

Nauwkeurigheid met het vermijden van gluten is zeer belangrijk. Contaminatie thuis dient zo veel mogelijk vermeden te worden door schoon en hygiënisch te werken. Verontreiniging met gluten kan ook plaatsvinden in de fabriek tijdens bewerking, opslag, vervoer en verpakking.

Met verbeterde analysetechnieken is de laatste jaren aangetoond dat gluten soms aanwezig zijn in levensmiddelen waarvan werd aangenomen dat ze strikt glutenvrij waren. Er moet rekening mee worden gehouden dat tarwegluten steeds vaker worden gebruikt in de levensmiddelenindustrie, als conserveringsmiddel, vulmiddel of plakmiddel. Alle E-nummers zijn wel glutenvrij.

Bier op basis van gerst bevat gluten. Een alternatief is maïs- of rijstbier.

5.5.6.3 Medicijnen

De overheid heeft tot nu toe geen maatregelen genomen om de aanwezigheid van allergene stoffen in medicijnen te vermijden. De coeliakiepatiënt moet bij de apotheker zelf aangeven dat zijn medicijnen glutenvrij moeten zijn.

5.5.6.4 Neveneffecten

Er wordt beperkt onderzoek gedaan naar het voorkomen van een lactose-intolerantie bij coeliakie. Geschat wordt dat bij 7 tot 13 % van de patiënten lactose-intolerantie een rol speelt. In de huidige praktijk wordt een lactosebeperkt dieet meestal niet voorgeschreven. Bij persisterende klachten kan (tijdelijk) een lactosebeperking overwogen worden. De duur hiervan hangt af van de snelheid waarmee de darmvlokken zich herstellen (CBO 2008).

Tijdens het herstel van de dunnedarmfunctie treedt soms obstipatie op. Een vezelinname van 30 tot 40 g per dag (bijv. op basis van suikerbiet of psylliumzaad) en royaal vocht (2 liter per dag) zijn dan geïndiceerd.

5.5.6.5 Duur van het dieet

Het dieet zal het hele leven gevolgd moeten worden. Herintroductie zal opnieuw schade aan de darm veroorzaken.

5.5.6.6 Deficiënties

Bij in het laboratorium aangetoonde deficiënties, vooral van foliumzuur, ijzer en vitamine B_{12}, kan suppletie nodig zijn. Bij een deel van de patiënten moeten foliumzuur, vitamine B_{12} en ijzer langdurig gesuppleerd worden. Dit betreft voornamelijk de groep die boven het 50^e levensjaar gediagnosticeerd wordt, bij wie herstel van de vlokken zeer lang kan duren. Ter preventie van osteoporose en bij geringe inneming van melkproducten of melkvervangers, kunnen calcium en vitamine D gesuppleerd worden.

Ook jodiumdeficiëntie kan optreden, doordat er in zelfgebakken brood en glutenvrije bakmixen vaak te weinig jodiumbevattend zout zit.

Doordat patiënten vaak minder vezels via hun voeding binnenkrijgen is het van belang hier extra aandacht voor te hebben, zeker wanneer patiënten klachten van obstipatie hebben.

5.5.7 Rol van de diëtist

De diëtist kan helpen bij het toelichten van het glutenvrije dieet en de noodzakelijke aanpassingen die gedaan moeten worden. Verder bestaat haar rol uit het 'aanscherpen' van het glutenvrije dieet, vooral bij zeer gevoelige patiënten. Patiënten met blijvende klachten of tekenen van actieve ziekte kunnen onder begeleiding van de diëtist het risico van de aanwezigheid van gluten in de voeding zo veel mogelijk beperken. De diëtist heeft bovendien een belangrijke rol in het adviseren van een volwaardige voeding. Controles door de diëtist zijn ook op langere termijn wenselijk, om de patiënt te motiveren en voor uitwisseling van informatie.

Het volgen van een glutenvrij dieet brengt meerkosten met zich mee. Deze kosten worden over het algemeen niet vergoed door de zorgverzekeraar (patiënt kan informatie inwinnen bij de eigen verzekering). De diëtist kan patiënten informeren over de mogelijkheid aanspraak te maken op een aftrekpost in de belastingaangifte inkomstenbelasting. Voor mensen met een minimum inkomen of bijstandsuitkering bestaat tevens de mogelijkheid om bij de gemeentelijke sociale dienst een beroep te doen op de Wet Bijzondere Bijstand.

5.6 Dermatitis herpetiformis/ziekte van Duhring

Dermatitis herpetiformis ontstaat, net als coeliakie, door een overgevoeligheid voor gluten. Niet iedereen met coeliakie heeft dermatitis herpetiformis, maar omgekeerd heeft wel vrijwel iedereen met dermatitis herpetiformis beschadigingen in de dunne darm. Bij mensen met dermatitis herpetiformis zijn deze echter minder ernstig dan bij mensen met coeliakie.

5.6.1 Prevalentie

Dermatitis herpetiformis komt met name voor bij mensen uit Noord-Europese landen. De prevalentie in Europa ligt tussen de 0,01 en 0,3 %. Het ziektebeeld wordt nog zelden overwogen in de eerste lijn; veel dermatologen stellen de diagnose te weinig.

5.6.2 *Pathologie*

Dermatitis herpetiformis is een sterk jeukende huidziekte met manifestaties aan ellebogen, strekzijde van de onderarmen, knieën, nates, sacrum en het hoofd. Minder vaak zijn er afwijkingen aan de romp, liezen en het gezicht. De patiënten hebben afwijkingen van de dunne darm die zich hetzelfde gedragen als die bij coeliakie. Meestal gaan de klachten van de huidziekte vooraf aan de klachten van coeliakie.

5.6.3 *Etiologie*

Dermatitis herpetiformis is sterk verbonden met coeliakie: ongeveer een kwart van de patiënten met coeliakie zou ook een dermatitis herpetiformis ontwikkelen. Het lijkt erop dat huidtransglutaminase, meer dan weefseltransglutaminase, het dominante auto-immuungen is in de ontwikkeling van dermatitis herpetiformis.

5.6.4 *Klinische verschijnselen en diagnostiek*

Het belangrijkste verschijnsel bij dermatitis herpetiformis is ernstige jeuk, die gepaard gaat met blaasjes. In het algemeen zijn de darmklachten minder uitgesproken of afwezig, omdat de coeliakie in een relatief vroeg of minder uitgebreid stadium wordt ontdekt.

5.6.5 *Behandeling*

De behandeling is dezelfde als bij coeliakie: een strikt glutenvrij dieet. De verdere therapie bestaat uit medicatie met Dapson (diaminodifenylsulfon, DDS) en eventueel sulfapreparaten. Dapson onderdrukt de symptomen, zoals jeuk. Zo nodig worden vitamine E, foliumzuur en ijzer gesuppleerd. DDS kan als voornaamste complicatie hemolyse veroorzaken, wat verergerd wordt door een tekort aan vitamine E.

Bij toepassing van een glutenvrij dieet ziet men de huidziekte geleidelijk verdwijnen en kan de medicatie geleidelijk worden afgebouwd. Een aantal patiënten blijft een kleine hoeveelheid DDS nodig hebben.

5.6.6 Dieetbehandeling

Het dieet is glutenvrij en in de acute fase, vooral als de huid veel blaasjes vertoont, ook jodiumbeperkt. Zie verder bij coeliakie (par. 5.5.6).

5.6.6.1 Jodiumbeperking

Jodiumbeperking is in het algemeen bij dermatitis herpetiformis niet geïndiceerd. In bijzondere gevallen, waarin jodiumbeperking of -eliminatie wordt geadviseerd, dient dit onder begeleiding van een arts plaats te vinden. Die zal moeten controleren op tekenen van jodiumdeficiëntie (Bastiani 2014).

Bij het jodiumbeperkte dieet dienen jodiumrijke producten, zoals gejodeerd (dieet)zout, brood gebakken met gejodeerd bakkerszout en zeevis, te worden vermeden. Bijna alle soorten keuken- en tafelzout bevatten jodium; alleen zeezout bevat nauwelijks jodium.

Een te strenge jodiumbeperking is niet gewenst omdat dit tot een jodiumtekort kan leiden. Het minimale jodiumgehalte van de voeding, ter vermijding van struma is 50 mg. Een theelepel jozo-zout (gejodeerd zout) van 2 gram bevat circa 100 mg jodium en een snee brood met gejodeerd zout bevat circa 35 mg jodium. Een gemiddelde normale voeding zonder brood bevat 75 mg jodium. De individuele gevoeligheid verschilt per patiënt.

Glutenvrij brood van de bakker bevat vaak jodium en wordt dus afgeraden. Kant-en-klare broodmixen of glutenvrije fabrieksbroden bevatten geen bakkerszout. Als het glutenvrije brood zelf wordt gebakken, dient er jodiumarm zout (nezo-zout) gebruikt te worden.

5.6.6.2 Duur van het dieet

Het glutenvrije dieet moet levenslang worden gevolgd. Een jodiumbeperking alleen op indicatie en in overleg met de specialist.

5.7 Dunnedarmkanker

5.7.1 Prevalentie

Dunnedarmkanker komt niet veel voor. In Nederland wordt de diagnose elk jaar bij ongeveer vierhonderd mensen gesteld. Het adenocarcinoom komt van alle dunnedarmtumoren het meest frequent voor (ongeveer de helft van de gevallen).

Jaarlijks zijn er in Nederland ongeveer 250 tot 300 nieuwe patiënten met een Gastro Intestinale Stroma Tumor (GIST). Het is echter niet precies bekend hoeveel patiënten er zijn met een GIST (Maag Lever Darm Stichting 2015).

5.7.2 *Pathologie en etiologie*

Er zijn verschillende vormen van dunnedarmkanker.

Adenocarcinoom
Dit is meestal gelokaliseerd in het duodenum of in het proximale jejunum en is een tumor die groeit vanuit het klierweefsel in de slijmvlieslaag van de darm. De precieze oorzaak is onduidelijk. Wel zijn er risicofactoren bekend, zoals aandoeningen van de dunne darm (coeliakie, ziekte van Crohn), roken en alcohol, en bepaalde voeding (hoge consumptie van rood vlees, dierlijk vet en bewerkte vleessoorten, alsmede een lage groente- en fruitinname).

Neuro-Endocriene Tumor (NET)
In enkele gevallen is er sprake van een Neuro-Endocriene Tumor (NET). NET ontstaan vanuit neuro-endocriene cellen. Deze cellen zitten verspreid door het hele lichaam. De tumor kan daarom overal in het lichaam ontstaan. Een NET ontstaat in de meeste gevallen in het maag-darmkanaal, de alvleesklier (pancreas) en de longen. Een NET produceert hormonen en hormoonachtige stoffen die vooral klachten geven wanneer er uitzaaiingen in de lever zijn. De oorzaak van NET is onbekend. Erfelijkheid speelt slechts bij 1 % van de patiënten een rol.

Sarcoom/Gastro Intestinale Stroma Tumor (GIST)
Daarnaast bestaan er ook zeldzame tumoren die uitgaan van het steunweefsel in de dunne darm: de sarcomen. Deze kunnen in de gehele dunne darm voorkomen. Onder deze sarcomen vallen ook de gastro-intestinale stromatumoren (GIST). De oorzaak van GIST is niet bekend. Er zijn nauwelijks aanwijzingen dat erfelijkheid een rol speelt.

Lymfoom
Lymfomen tasten de lymfeklieren aan en daarna mogelijk ook de dunne darm. Een groot aantal van de gastro-intestinale lymfomen ontstaat bij een chronische onderliggende ontstekingsziekte, bijvoorbeeld de ziekte van Crohn en coeliakie.

Lynch-syndroom (HNPCC)/Familiaire Adenomateuze Polyposis (FAP)
Dit betreft erfelijke vormen van kanker waarbij kanker in de dunne darm kan ontstaan.

Bij patiënten met het Lynch-syndroom (HNPCC/Hereditair Non Polyposis Colorectaal Carcinoom) ontstaat het merendeel van de tumoren direct na de overgang van dunne naar dikke darm. Lynch ontstaat door een mutatie in het DNA.

Familiaire Adenomateuze Polyposis (FAP) is een erfelijke aandoening, waarbij met name veel poliepen in de dikke darm voorkomen. Er kunnen ook enkele poliepen ontstaan in het duodenum, maar deze ontstaan op latere leeftijd. Daarom is er minder kans op dunnedarmkanker. FAP ontstaat door een mutatie in het DNA.

5.7.3 *Klinische verschijnselen en diagnostiek*

De klachten bij dunnedarmkanker zijn divers. Ze hangen af van:

- de vorm van dunnedarmkanker;
- de plaats en de grootte van de dunnedarmkanker;
- de groeisnelheid;
- eventuele uitzaaiingen;
- eventuele productie van hormonen.

De meest voorkomende klachten per soorten dunnedarmkanker:

- adenocarcinoom: langdurig bloedverlies, onverklaarbaar gewichtsverlies, misselijkheid, braken;
- neuro-endocriene tumor: opvliegers, waterdunne diarree (carcinoïdsyndroom);
- sarcomen/GIST: misselijkheid, braken, buikpijn, vol gevoel, bloedverlies, ileus;
- lymfomen: buikpijn, ileus, perforatie;
- Lynch-syndroom/FAP: bloedverlies, onverklaarbaar gewichtsverlies, buikpijn, gewijzigd ontlastingspatroon, vermoeidheid.

De diagnose kan worden gesteld met behulp van verschillende technieken: duodenoscopie (met de mogelijkheid om biopten te nemen), beeldvormend onderzoek zoals CT- en MRI-scans om met name vast te stellen of er sprake is van uitzaaiingen, videocapsule-endoscopie om de darm oppervlakkig te bekijken, dubbelballonendoscopie (met de mogelijkheid om biopten te nemen) en operatie met de eventuele mogelijkheid om de tumor direct te verwijderen.

5.7.4 *Behandeling*

De behandeling verschilt per vorm van dunnedarmkanker, gradering, stadium en lokalisatie. Ook de conditie van de patiënt speelt een rol. Er kan worden gekozen voor een gedeeltelijke resectie van delen van de dunne darm, er kan chemotherapie of radiotherapie gestart worden of medicatie gegeven worden om de hormoonproductie of tumorgroei te remmen. Ook kan er in sommige gevallen radiofrequente ablatie toegepast worden.

5.7.5 Dieetbehandeling

De dieetbehandeling hangt af van de behandeling (curatief of palliatief) van de dunnedarmkanker, de complicaties, de symptomen en de voedingstoestand. Het streven is altijd om de voedingstoestand te handhaven of te verbeteren en de vaak voorkomende, aan voeding gerelateerde symptomen te verminderen.

Indien een patiënt voor een operatie kiest, zal gestreefd moeten worden naar een zo goed mogelijke preoperatieve voedingstoestand. Na een chirurgische resectie zullen er mogelijk andere dieetadviezen nodig zijn. Dit is afhankelijk van de locatie in de darm, de lengte van de resectie en de lengte van de resterende darm.

Indien er sprake is van het aanleggen van een stoma kan het nodig zijn om extra voedingsadviezen te geven (hoofdstuk 'Voeding bij stoma's').

Indien curatieve behandeling niet mogelijk is, is de dieetbehandeling erop gericht de voedingstoestand niet onnodig te laten verslechteren en de aan voeding gerelateerde symptomen zo veel mogelijk te beperken. Afhankelijk van de prognose wordt gekozen voor een adequate voeding, energie- en eiwitrijke voeding of palliatieve voeding (ook hoofdstuk 'Voeding bij oncologische aandoeningen').

5.8 Dunnedarmischemie

Intestinale ischemie kan voorkomen in de dikke of dunne darm wanneer er een verminderde bloedstroom naar de darm is. Deze verminderde bloedtoevoer kan de darm blijvend beschadigen. Ischemie waarbij de dikke darm is aangedaan, noemen we colonischemie, ischemie waarbij de dunne darm betrokken is, mesenteriale ischemie.

We onderscheiden acute en chronische ischemie.

5.8.1 Prevalentie

De prevalentie van acute mesenteriale ischemie wordt geschat op 0,1–0,36 % van alle ziekenhuisopnamen. De laatste jaren is er een toename waar te nemen en lijkt de incidentie rond de 2–3 per 100.000 inwoners per jaar te liggen (Kolkman et al. 2000). De prevalentie van chronische ischemie is in de literatuur niet bekend (Lanschot et al. 1999).

5.8.2 Pathologie en etiologie

Acute ischemie Deze vorm wordt omschreven als plotselinge vermindering van de doorbloeding van de darm. Acute ischemie kan zich voordoen ten gevolge van arteriële embolie, arteriële trombose, mesenteriale veneuze trombose en niet-occlusieve oorzaken (hypoperfusie door lage cardiale output of vasoconstrictie). De darmschade die optreedt, hangt af van de mate van resterende bloedstroom en kan variëren van kleine laesies tot necrose van een zeer groot deel van de darm met of zonder perforatie (Mastoraki 2016).

Arteriële embolieën hebben veelal een cardiale oorsprong, arteriële trombose is veelal een uiting van uitgebreide atherosclerose. Daarnaast zijn hemodialyse, verhoogde stollingsneiging en cardiale chirurgie factoren die de kans op een darminfarct verhogen.

Voor het ontstaan van mesenteriale veneuze trombose zijn stollingsafwijkingen en ook wel portale hypertensie of buikletsel uitlokkende factoren (Lanschot et al. 1999).

Chronische ischemie Bij deze vorm is de stenose langzaam progressief. Chronische ischemie resulteert uit de geleidelijke opbouw van vetafzettingen langs de wand van een slagader (atherosclerose). Het kan evolueren tot acute mesenteriale ischemie, vooral als een bloedstolsel zich ontwikkelt binnen een zieke slagader. Factoren die geassocieerd zijn met het risico op atherosclerose – en dus het ontstaan van chronische ischemie – zijn roken, hypertensie, hypercholesterolemie en diabetes.

5.8.3 Klinische verschijnselen en diagnostiek

Acute ischemie De klachten waarmee patiënten zich presenteren bij acute ischemie zijn constante, diffuse pijn abdominaal, soms centraal rond de navel. Bij ernstige stenosering, met name wanneer deze acuut ontstaat en er nog geen collateralen zijn gevormd, is een beeld van gastroparese met uitgebreide ulceratie van de maagmucosa beschreven.

Chronische ischemie Bij relatief geringe stenose en/of goed ontwikkelde collateralen ontstaan geen klachten. Bij ernstiger stenosen of minder collateralen kunnen klachten ontstaan als:

- pijn na de maaltijd, vooral bij grote of vettige maaltijden;
- pijn tijdens of na lichamelijke inspanning;
- pijn bij (psychische) stress;
- afvallen door vermijden van voeding (vanwege de pijn die kan volgen);
- een op de pijn aangepast eetpatroon (meestal meerdere, kleinere en lichte porties);
- diarree (zonder andere verklaring).

Om de diagnose darmischemie te stellen zijn kunnen er verschillende onderzoeken uitgevoerd worden.

5.8.3.1 Tonometrie

Met dit onderzoek kan vastgesteld worden of er daadwerkelijk sprake is van zuurstoftekort in het maag-darmkanaal. Zuurstoftekort leidt tot een verhoogd koolzuurgehalte in het maag-darmkanaal, dat goed gemeten kan worden met tonometrie. Het tonometrieonderzoek kan bestaan uit twee delen: een inspanningstest en een 24-uurstest. Voor het tonometrieonderzoek worden twee slangetjes via de neus (één in de maag en één in de dunne darm) geplaatst.

De inspanningstest is vooral geschikt wanneer er voornamelijk inspanningsgebonden klachten zijn. Voor, tijdens en na inspanning wordt het koolzuurgehalte in maag en darm gemeten. Met dit onderzoek krijgen we inzicht in het optreden van maag-darmischemie tijdens of na inspanningen.

Bij de 24-uurstest wordt gedurende een hele dag het PCO2 (koolzuurgehalte) in de maag en dunne darm gemeten. Zo kan de relatie tussen maag-darmischemie en eten, drinken, slapen en pijn goed worden vastgesteld.

5.8.3.2 Echoduplex van de buikvaten

Hierbij worden zowel de vaten in beeld gebracht alsook de stroomsnelheid bepaald. Een duplexonderzoek is een combinatie van echografie en doppler. Een kleurendoppler meet de stroomsnelheid van het bloed. De slagaders worden beoordeeld op hun doorgankelijkheid en er kunnen vernauwingen of afsluitingen worden opgespoord. Bij vernauwingen wordt het bloed met hoge snelheid door het vernauwde vat geperst. De stroomsnelheid is dus verhoogd bij een vernauwing. Er blijkt een goede relatie tussen stroomsnelheid en ernst van vernauwing.

De duplex is een uitstekend eerste onderzoek. Bij het vermoeden op vernauwingen moet meestal nog een aanvullende CT-scan of angiografie volgen om het verloop en de vernauwing van de vaten gedetailleerd vast te leggen.

5.8.3.3 CT-angiografie (CTA)

Bij de CTA worden met een CT-scan speciale beelden gemaakt van de bloedvaten. Tijdens het onderzoek wordt via de ader in de arm een röntgencontrastmiddel toegediend. Dit bevat jodiumhoudende stoffen die de eigenschap hebben bloedvaten en organen beter zichtbaar te maken.

5.8.4 Behandeling

Er zijn verschillende operaties die worden uitgevoerd als behandeling van darmischemie. Zo kan er een stent geplaatst worden, een dotterbehandeling uitgevoerd worden of een bypass gemaakt worden.

Wanneer er al schade aan de darm is opgetreden en er een stuk darm is afgestorven, dient dit stuk verwijderd te worden. In sommige gevallen gaat het om een zeer groot deel van de darm, waardoor bij resectie een short bowel kan ontstaan.

Als er geen afwijking aan de grote bloedvaten is gevonden, kan zuurstofgebrek in het maag-darmkanaal worden veroorzaakt door de kleinere bloedvaatjes die de maag en dunne darm van bloed voorzien. Het zuurstoftekort kan ontstaan door kramp in die vaatjes (vaatkramp) of in de darm zelf, waar deze vaatjes doorheen lopen.

Medicijnen zorgen ervoor dat deze kleine vaatjes wijder worden, zodat er meer bloed naar het maag-darmkanaal gaat en de klachten vaak afnemen of verdwijnen. Er zijn verschillende medicijnen die effectief kunnen zijn. Bij aangetoonde maag-darmischemie geven deze middelen bij 60–75 % van de patiënten vermindering van klachten (Medisch Spectrum Twente).

5.8.5 Dieetbehandeling

Over de dieetbehandeling bij ischemie is in de literatuur weinig bekend. De dieetbehandeling hangt erg af van de ernst van de ischemie. De practice-based adviezen vanuit Medisch Spectrum Twente zijn, wanneer de darm niet bedreigd is:

- eet wat je verdraagt;
- voorkom uitdroging (waardoor er een nog lagere bloedstroom is in dat gebied);
- eet zes keer per dag kleinere porties;
- probeer gewichtsafname te beperken.

Acute ischemie Bij acute ischemie en een dreigend darminfarct is het advies geen voeding te geven om op die manier verdere schade te voorkomen.

Chronische ischemie De dieetadviezen bij chronische ischemie sluiten aan op de adviezen bij atherosclerose. Het voedingsbeleid hangt bij 2- of 3-vatslijden in sterke mate af van de ernst van de afsluiting. Het voedingsbeleid kan variëren van niets per os of voorzichtig beetjes voeden. Indien de patiënt klachten van buikpijn heeft bij grote, vettere maaltijden, kan geadviseerd worden kleinere porties verdeeld over de dag te nemen.

Wanneer de behandeling van de darmischemie bestaat uit een operatieve behandeling zal het nodig zijn de voeding in een langzaam schema weer op te bouwen. De belangrijkste reden hiervoor is het voorkomen van reperfusieschade: schade en ontstekingen die kunnen ontstaan door de herstelde bloedtoevoer.

5.9 Ulcus duodenum

5.9.1 Prevalentie

Zweren in de darm en de maag worden tezamen peptisch ulcuslijden genoemd. Ulcera duodeni (zweren in de twaalfvingerige darm) komen ongeveer tweemaal zo vaak voor als ulcera ventriculi (maagzweren). De incidentie van beide typen zweren neemt geleidelijk af.

5.9.2 Pathologie en etiologie

Een peptisch ulcus is een door inwerking van maagsap veroorzaakt defect in de mucosa van de maag of de bulbus duodeni. Voor het ontstaan van een peptisch ulcus is maagzuur (met pepsine) nodig, maar ook een verminderde weerstand van het slijmvlies bij een chronische gastritis, veroorzaakt door de bacterie *Helicobacter pylori.* Er zijn ook andere factoren die de weerstand van het maagslijmvlies beïnvloeden, zoals het gebruik van een NSAID (zoals aspirine, ibuprofen en indometacine), roken en mogelijk stress.

Van de patiënten met een ulcus duodeni is 95 % *Helicobacter pylori*-positief, van de patiënten met een ulcus ventriculi ongeveer 70 %. Deze getallen dienen te worden afgezet tegen de prevalentie van *Helicobacter pylori* in de algemene bevolking: ongeveer 20 tot 50 % van de bevolking is *Helicobacter pylori*-positief en 95 % van de mensen met *Helicobacter pylori* krijgt nooit in zijn of haar leven een ulcus.

5.9.3 Klinische verschijnselen en diagnostiek

De belangrijkste symptomen van peptisch ulcuslijden zijn pijn in het maagkuiltje ('in epigastrio'), verminderde eetlust, misselijkheid en braken. Typisch voor de pijn bij een ulcus duodeni is dat deze optreedt bij een lege maag, bij de meeste mensen dus 's nachts. Deze pijn vermindert of verdwijnt na het eten of drinken van voedsel of drank met zuurneutraliserende eigenschappen (bijv. melk).

De mogelijke complicaties van het peptisch ulcus zijn bloeding, perforatie en stenose. Bij een grotere bloeding uit een ulcus ventriculi of duodeni treedt vaak bloedbraken (haematemesis) en altijd melaena (zwarte, teerachtige ontlasting) op. Wanneer een ulcus ventriculi of duodeni perforeert, ontstaat het beeld van een 'acute buik'. Bij ulcera in het distale antrum, de pylorus of de bulbus duodeni kan door fibrosering bij de genezing van het ulcus een stenose ontstaan. Hierdoor kan maagretentie optreden en worden soms grote hoeveelheden oud voedsel uitgebraakt (retentiebraken).

Voor de diagnostiek van het peptisch ulcuslijden is endoscopie verreweg het belangrijkst. Met dit onderzoek kunnen peptische ulcera niet alleen het best worden aangetoond, maar bovendien is het mogelijk met de endoscoop een bloeding uit een peptisch ulcus te stelpen.

5.9.4 Behandeling

Met behulp van bepaalde geneesmiddelen kunnen zweren in de maag en twaalfvingerige darm snel (in vier tot zes weken) genezen worden. Bestrijding van *Helicobacter pylori* gebeurt met antibiotica en zuurremming. Bij patiënten bij wie een ulcus veroorzaakt wordt door het gebruik van een NSAID, is het staken hiervan uiteraard van groot belang. Als dat niet mogelijk is, biedt onderhoudsbehandeling met een zuurremmer een zekere mate van bescherming. Een maagperforatie (bulbus duodeni-perforatie) zal altijd chirurgisch behandeld moeten worden. Bij een maaguitgangsstenose op basis van peptisch ulcuslijden kan endoscopische dilatatie of chirurgische resectie worden toegepast.

5.9.5 Dieetbehandeling

Voeding speelt geen rol bij het ontstaan of de behandeling van peptische ulcera. Er is dus geen indicatie voor dieetadviezen. Bij ondervoeding zal echter wel een dieetbehandeling geïndiceerd zijn. Bij aanvang van de behandeling met medicijnen kunnen er nog kortdurend symptomen optreden na het gebruik van bepaalde voedingsmiddelen. Eventueel kan men het gebruik van deze voedingsmiddelen tijdelijk beperken om de symptomen te verminderen. In het kader van de verhoogde gevoeligheid voor voedselgemedieerde infecties bij het gebruik van zuursecretieremming is een goede hygiëne rondom de bereiding en consumptie van voedingsmiddelen aan te raden.

Ten slotte kan het bij een maaguitgangsstenose wenselijk zijn om tijdelijk een vloeibare voeding te adviseren, omdat dit de stenose mogelijk nog wel passeert.

5.10 Ziekte van Crohn

5.10.1 Prevalentie

De ziekte van Crohn komt steeds vaker voor, met name in de westerse landen. Er zijn momenteel ruim 55.000 mensen met een chronische darmontsteking. Hiervan hebben ruim 20.000 mensen de ziekte van Crohn.

Uit een recent Nederlands onderzoek blijkt echter dat IBD veel vaker voorkomt dan gedacht: er zijn in Nederland 89.000 mensen met IBD. Huidige schattingen gaan uit van ongeveer twee patiënten per duizend mensen, maar dat blijkt volgens de nieuwe gegevens meer dan vier keer zo hoog te zijn (9 op de 1.000 mensen). Per jaar komen er ongeveer 70 nieuwe patiënten per 100.000 inwoners bij; ook dat getal is veel hoger dan altijd wordt aangenomen (Heuvel et al. 2015).

5.10.2 Pathologie en etiologie

De ziekte van Crohn is een chronische, granulomateuze ontsteking van de darmwand. Die kan het gehele maag-darmkanaal betreffen. In ongeveer een derde van de gevallen is de ziekte gelokaliseerd in het terminale ileum, maar de ziekte komt ook frequent voor in het colon en bij een derde van de patiënten zowel in de dunne als dikke darm. In zeldzame, extreme gevallen is de ziekte gelokaliseerd in slokdarm, maag, duodenum en jejunum. De ziekte kent perioden met toegenomen ontstekingsactiviteit (exacerbatie) en perioden waarin de ontstekingen (al dan niet onder invloed van immuunsuppressiva) afwezig of gering zijn (remissie en vervolgens onderhoudsfase). Bij elke patiënt verlopen de opvlammingen verschillend wat betreft het aantal, de ernst en de duur.

Doorgaans gebruikt de maag-darm-leverarts de Montreal-classificatie om fenotyperingen van de diagnose vast te leggen. Deze classificatiegegevens bepalen mede het medicamenteuze dan wel chirurgische beleid.

De etiologie is nog onbekend, maar duidelijk is dat de ziekte multifactorieel bepaald is. Waarschijnlijk spelen omgevingsfactoren en genetische factoren een rol.

5.10.3 Klinische verschijnselen en diagnostiek

Het ziektebeeld is uiterst wisselend, met uiteenlopende symptomen van vage buikklachten tot ernstig ziek zijn. Het klachtenpatroon hangt uiteraard vaak samen met de plaats, de uitgebreidheid en de ernst van de ontsteking(en). In het algemeen klaagt de patiënt over buikpijn, krampen, rommelingen en diarree (veelal met bloed, slijm of pusbijmenging), maar ook obstipatie kan voorkomen. Er kan sprake zijn van anorexie, vermagering, anemie, deficiënties en koorts in de acute fase van de ziekte. Fistels vanuit een infiltraat zijn mogelijk naar een andere darmlis, de blaas, de vagina, de uterus en de huid. Er zijn vaak afwijkingen aan de anus en perianale fistels. Door stenosevorming kan een subileus ontstaan met misselijkheid, braken en krampen. De secundaire afwijkingen zijn malabsorptie (bijv. van ijzer, vitamine B_{12}, galzure zouten en vet) en een toenemend eiwitverlies in de darm (laag totaaleiwit- en albuminegehalte in het bloed).

Bij ziekten van het ileum en na resecties wordt vaak een hyperoxalurie gezien, doordat er meer oxaalzuur door de darm wordt opgenomen. Daarbij is de vorming van nierstenen mogelijk.

De diagnose wordt gesteld door een combinatie van onderzoekstechnieken. De MDL-specialist onderzoekt de patiënt uitwendig (d.m.v. palpaties, rectaal onderzoek enz.), bekijkt het maag-darmkanaal met behulp van endoscopie (anus-, recto-, sigmo-, colo- en veelal gastroscopie) en neemt biopten ten behoeve een pathohistologische beoordeling alvorens de diagnose gesteld kan worden. Verder kunnen röntgenonderzoeken, zoals een CT-scan van het abdomen, dunne- en dikkedarmfoto's en/of echo's van de buik, gebruikt worden voor de diagnostiek. De laatste jaren is ook het gebruik van de videocapsule en de dubbele-ballonechoscopie (DBE) voorhanden om de dunne darm te bekijken. Het endoscopisch onderzoek wordt doorgaans als de gouden standaard gehanteerd. Het aanvullende onderzoek dient vervolgens om de uitgebreidheid van de ziekte in kaart te brengen (Peppercorn en Kane 2014).

5.10.4 Behandeling

Een gerichte behandeling is pas mogelijk na uitvoerige analyse van de situatie, de symptomen en de resterende darmfunctie. Het doel van de behandeling is de klachten verminderen, zo mogelijk herstel van de ontstekingen in het maag-darmkanaal bewerkstelligen en exacerbaties voorkomen. Doorgaans bestaat de behandeling uit twee fasen.

- In de *remissie-inductiefase* wordt de actieve ziekte in remissie gebracht met medicatie of chirurgie. Deze fase duurt circa acht tot twaalf weken.
- In de *onderhoudsfase* wordt getracht de remissie te behouden en hernieuwde ziekteactiviteit te voorkomen.

Het belangrijkste onderdeel van de behandeling bestaat uit ontstekingsremmers of immuunmodulerende medicatie of 'biologicals', aangevuld met symptomatische maatregelen, zoals middelen tegen diarree en antibiotica.

Verder kan chirurgisch worden ingegrepen in de vorm van resectie van het aangedane darmdeel en zo nodig aanleg van een stoma of pouch. Ook worden fisteltrajecten verwijderd en abcessen uitgeruimd.

In alle gevallen is een volwaardige voeding nodig.

5.10.5 Dieetbehandeling

Bij het dieet dient aandacht te zijn voor de volwaardigheid van de voeding, omdat patiënten regelmatig voedingsmiddelen weglaten die klachten geven of de klachten verergeren (Goh en O'Morain 2003). Het is per patiënt verschillend welke voedingsmiddelen minder goed verdragen worden.

Het dieet is sterk afhankelijk van de fase en de ernst van de ziekte.

5.10.5.1 Dieet bij exacerbatie

Bij exacerbatie (opvlammingsfase) dient het dieet voldoende eiwit te bevatten (ca. 1,5 g per kg lichaamsgewicht). Het rustmetabolisme van een patiënt kan tijdens een exacerbatie aanzienlijk verhoogd zijn. In combinatie met verliezen via feces en braken, en eventueel de wens tot gewichtstoename, is de totale energiebehoefte van de patiënt daardoor verhoogd. Bij voorkeur wordt het rust-/basaalmetabolisme gemeten met indirecte calorimetrie of anders geschat volgens de Harris & Benedict-formule met toeslagen (Griffiths 1999; Helfrich et al. 2010; Jeejeebhoy 1995).

Meestal zijn frequente, kleine maaltijden aan te bevelen. Bij ernstige ziekte en/of vermagering is enterale voeding in de vorm van drinkvoeding of sondevoeding geïndiceerd als aanvullende of als volledige voeding. Een volledige enterale voeding (oraal of via een sonde) kan geïndiceerd zijn bij een exacerbatie. In de literatuur zijn positieve resultaten beschreven van het gebruik van volledige enterale voeding tijdens een exacerbatie. Er zou eerder remissie van de ziekte optreden doordat de ontstekingsactiviteit onderdrukt wordt en de darm rust krijgt. Er is bewijs voor een volledig enterale voeding als onderdeel van de therapie bij kinderen, maar het bewijs hiervoor bij volwassenen is beperkt.

Er is geen onderzoek dat pleit voor of tegen het gebruik van vezelrijke voeding in deze fase. In de praktijk wordt dit per centrum anders ingevuld.

Parenterale voeding dient alleen gegeven te worden aan patiënten die geen enterale voeding verdragen of als het maag-darmkanaal niet toegankelijk is of niet gebruikt kan worden. Parenterale voeding kan ook gegeven worden om eventuele fisteloutput te verminderen of bij een (dreigende) ileus. De keuze voor enterale of parenterale voeding vindt altijd plaats in overleg met de behandelend arts.

5.10.5.1.1 Dieet bij malabsorptie

Afhankelijk van de plaats en de omvang van de ontsteking in de dunne darm kan er malabsorptie optreden. Bij een ernstig malabsorptiesyndroom kan semi-elementaire en/of oligomere voeding geïndiceerd zijn. Malabsorptie is te herkennen aan de volgende symptomen: gewichtsverlies, diarree (soms met onverteerde etensresten), steatorroe en/of vitamine- en mineralendeficiënties in het serum.

Toevoeging van extra NaCl, op geleide van controle van de Na-K-ratio in de urine, is nodig. De meeste sondevoedingen bevatten slechts zeer weinig zout; hiermee dient rekening gehouden te worden. Eventueel dient er zout te worden toegevoegd als er veel zoutverlies optreedt en bij een absoluut zouttekort (bijv. bij aanhoudende diarree). Dit kan worden vastgesteld door de natriumuitscheiding in de urine te bepalen (moet >20 mmol/l zijn).

Bij vetmalabsorptie (vast te stellen door kwantitatieve vetbepaling in feces) is het aan te raden de vetinname af te stemmen op de resorptiecapaciteit, de vetinname te spreiden over de dag en kan overwogen worden het vet (gedeeltelijk) te vervangen door MCT-vet.

Bij malabsorptie is er een verhoogd risico op het ontstaan van deficiënties. Aangetoonde deficiënties van vitaminen en mineralen dienen gesuppleerd te worden.

Er zijn patiënten die een (tijdelijke) lactosemalabsorptie hebben tijdens een exacerbatie. Het is dan van belang dat de voeding volwaardig blijft door middel van vervanging van lactosebevattende voedingsmiddelen.

5.10.5.1.2 Dieet bij stenosen

Bij stenosen dient de consistentie van de voeding te worden aangepast, afhankelijk van de plaats en ernst van de stenose. Dit kan variëren van het vermijden van grove vezels (zoals schillen, pitten, vellen en moeilijk fijn te kauwen producten) wanneer de stenose zich in het distale deel van de dunne darm bevindt tot een volledig gladde, vloeibare consistentie met behoud van voldoende voedingsstoffen bij een stenose in het eerste deel van de dunne darm. Alleen bij volledige obstructie wordt totale parenterale voeding geadviseerd.

5.10.5.1.3 Dieet bij nierstenen

Bij hyperoxalurie, vooral na ileumresectie, wordt royaal vochtgebruik (minimaal 2 liter per 24 uur) geadviseerd. Een oxaalzuurbeperking wordt alleen aangeraden bij recidiverende nierstenen.

5.10.5.1.4 Dieet bij aanleg van een stoma

Na resecties van delen van de darm kan het zijn dat er een (tijdelijk) stoma wordt aangelegd (zie hoofdstuk 'Voeding bij stoma's' voor voedingsadviezen).

5.10.5.1.5 Dieet in de onderhoudsfase

Als de ziekte niet of minder actief (in remissie) is, is het aan te raden om de patiënt een volwaardige gezonde voeding te laten gebruiken op basis van de *Richtlijnen goede voeding*. Het is belangrijk om zo veel mogelijk gewoon te eten en drinken, en gezond en gevarieerd te eten. Hierbij dient de patiënt zelf te onderzoeken wat hij/zij wel of niet verdraagt. Dit kan aanzienlijk anders zijn dan in de opvlammingsfase. Patiënten dienen daarom producten die in de opvlammingsfase weggelaten waren, opnieuw uit te proberen in de remissie- en onderhoudsfase.

De diëtist heeft de taak om adviezen te geven over de volwaardigheid van de voeding, inclusief het gebruik van voedingsvezel. Er is geen reden of aanwijzing om vezels uit het dieet te elimineren.

5.10.5.1.6 Duur van het dieet

De periode van de dieettherapie is afhankelijk van de duur van de klachten.

5.10.5.1.7 Deficiënties

Het kan nodig zijn om diverse vitaminen en mineralen te suppleren in het geval van deficiënties. Voorkomende suppleties zijn natrium, kalium, magnesium, ijzer en/of zink bij diarree, foliumzuur, vitamine B_{12} na een ileumresectie, en calcium en vitamine D bij corticosteroïdengebruik. Regelmatige laboratoriumcontrole is aan te bevelen.

Indien er sprake is van malabsorptie dient een multivitaminepreparaat geadviseerd te worden. De diëtist kan geconsulteerd worden om te adviseren over soort en dosis van het deficiënte vitamine of mineraal. Dit geldt ook bij intestinaal falen.

5.11 Short bowel syndroom en intestinaal falen

5.11.1 Prevalentie

Betrouwbare cijfers over de prevalentie van het short bowel syndroom ontbreken. Het gaat waarschijnlijk om kleine getallen in Nederland (hooguit een paar honderd patiënten). Er zijn wel cijfers bekend van de prevalentie van ernstig chronisch darmfalen (inclusief SBS) bij volwassenen (>3 maanden afhankelijk van parenterale voeding): ongeveer 9 per 10.000.000 inwoners met een incidentie van 3 per 10.000.000 inwoners.

5.11.2 Pathologie

Van een short bowel syndroom (syndroom van de korte darm) is sprake als behalve het duodenum nog slechts circa 50 tot 100 cm van het jejunum (proximale dunne darm) resteert (Buchman en Sellin 2000; Buchman et al. 2003; Wilmore en Robinson 2000). Dit kan ontstaan na uitgebreide en/of herhaalde resecties van de dunne darm wegens onder andere een uitgebreide of recidiverende ziekte van

Crohn, mesenteriale trombose met darmischemie, traumata of carcinoom. Een functionele short bowel wordt wel gezien bij bijvoorbeeld een radiatie-enteritis, bij chronische intestinale pseudo-obstructie of congenitale vlokatrofie. Sinds 2006 werd er veelal gesproken over darmfalen, daar die term het probleem beter weergeeft (O'Keefe et al. 2006).

Sinds 2015 wordt intestinaal falen als volgt geformuleerd: verlies van darmfunctie (a.g.v. resectie, verlies van absorptie door ziekte, congenitale afwijkingen, obstructie of motiliteitsstoornissen) tot het minimaal noodzakelijke niveau voor de absorptie van macronutriënten, vocht en/of elektrolyten, waardoor intraveneuze suppletie noodzakelijk is om gezondheid en/of groei te behouden (Pironi 2015). Anders wordt er van darminsufficiëntie gesproken.

5.11.3 Klinische verschijnselen en diagnostiek

Door het sterk gereduceerde absorberende slijmvliesoppervlak ontstaat een malabsorptiesyndroom. Geleidelijk kan er een adaptatie van de resterende darm ontstaan; dit duurt meestal twee jaar. Voor elke patiënt kunnen de gevolgen anders zijn. Zo is bijvoorbeeld van groot belang welke delen van de darm nog aanwezig zijn (in situ), wat de kwaliteit van de resterende darm is en of het colon nog intact (of aanwezig) is. Bij de een zal steatorroe op de voorgrond staan, bij een ander vocht- en zoutverlies, terwijl er ook deficiënties kunnen ontstaan van verschillende vitaminen en mineralen.

5.11.4 Behandeling

Afgezien van de behandeling van het onderliggende ziektebeeld is voedingsinterventie erg belangrijk in verband met het bewaken van de voedingstoestand. Vrijwel alle patiënten worden in de acute fase met (gedeeltelijk) totale parenterale voeding (TPV) of (gedeeltelijk) enterale voeding behandeld, in combinatie met suppletie van vitaminen en mineralen. Voor de start van de behandeling is het belangrijk om na te gaan welke darmdelen nog functioneel in situ zijn, welke gevolgen dit heeft voor de opname van specifieke voedingsstoffen, of de ileocaecale klep nog functioneel is, wat de locatie is van een eventueel aanwezig stoma en/of fistel(s) enzovoort.

Als medicamenten kunnen protonpompremmers, H2-antagonisten, motiliteitsremmers, vezelpreparaten, kunstharsen en antibiotica worden voorgeschreven.

De (dieet)behandeling kent drie fasen: de acute fase (klinisch), de adaptatiefase (gemiddeld 2 jaar hieropvolgend) en de stabiele fase waarin de maximaal haalbare eindsituatie bereikt is. De behandeling en begeleiding van deze patiënten is vaak langdurig, vraagt voortdurende aanpassing aan de situatie van de patiënt en dient bij voorkeur in een gespecialiseerd multidisciplinair behandelteam te geschieden.

De doelen van de behandeling zijn handhaven en/of verbeteren van de voedingstoestand, handhaven en/of verbeteren van de vocht-, elektrolyten-, vitamine-, mineralen- en spoorelementenbalans, en het hanteerbaar maken van ontlastingsfrequentie en/of stomaproductie.

5.11.5 Dieetbehandeling

Dieetbehandeling is complex en afhankelijk van anatomie en onderliggende ziekte. Na een operatie is in de acute fase veelal tijdelijk totale parenterale voeding (TPV) nodig. Verder moet zo snel mogelijk begonnen worden met een enterale voeding, zo nodig lactosebeperkt (meestal niet nodig) en semi-elementair, in een geleidelijk opklimmende concentratie en hoeveelheid, afhankelijk van wat de patient verdraagt. Dit wordt onder meer gemeten aan de fecale uitscheiding (productie per dag, vet, stikstof, droge stof, natrium, kalium, osmolariteit) en de zoutbalans (natrium- en kaliumbepaling in de urine) en uiteraard het lichaamsgewicht.

Geleidelijk wordt overgeschakeld op een normale, gezonde voeding, eventueel vetbeperkt en lactosebeperkt, in (aanvankelijk zeer) frequente, kleine maaltijden met voldoende drinkvocht en royaal zout (eventueel in de vorm van ORS). Aanpassing volgt naarmate de patiënt de voeding blijkt te verdragen. Een deel van de patiënten zal niet ontkomen aan het gebruik van enterale voeding, oraal of via een sonde, eventueel elementair of zelfs TPV thuis. Deze patiëntengroep zal specifieke adviezen nodig hebben over vocht- en zoutinname bij een high output stoma/fistel en/of dreigende uitdroging. Het landelijk Netwerk Diëtisten MDL heeft hiervoor een schriftelijke advies opgesteld. Hierin is aangegeven hoe omgegaan dient te worden met de hoeveelheid en vooral de verschillende typen drinkvocht. Het is voor patiënten soms nodig zich voor een bepaalde periode aan een strikte vochtbeperking te houden met als doel het herstellen van de vocht-zoutbalans (www.mdldietisten.nl).

Geadviseerd wordt om het verlies aan energie of de energetische absorptiecapaciteit van de darm in kaart te brengen, bijvoorbeeld door kwantitatieve vetanalyse of BOM-calorimetrie. Daarbij wordt een deel van de geproduceerde ontlasting en/of fisteloutput verbrand in de BOM-calorimeter, zodat de hoeveelheid energie hierin bepaald kan worden. Gemiddeld wordt twee derde van de ingenomen hoeveelheid energie opgenomen, zodat er hyperalimentatie (van ca. 130–150 %) nodig is om het gewicht en de voedingstoestand stabiel te houden.

Aanbevolen hoeveelheden (Matarese et al. 2005):

- eiwit: 20 energie %, bij voorkeur in polymere vorm;
- koolhydraten:
  - indien colon aanwezig: 50–60 energie %;
  - indien colon afwezig: 40–50 energie %;
  - bij voorkeur polysacchariden, lactose tot 20 gram en oplosbare voedingsvezels;

- vet:
  - indien colon aanwezig: 20–30 energie % uit MCT (max 40–80 gram) en LCT;
  - indien colon afwezig: 30–40 energie % uit LCT.

De dieetbehandeling wordt bij voorkeur uitgevoerd door een diëtist met ervaring op dit specifieke gebied, in samenwerking met de behandelend maag-darm-leverarts.

5.11.5.1 Duur van het dieet

Levenslang dient er aandacht aan de voeding te worden besteed. Indien een patiënt naar huis gaat met TPV, zal dit veelal voor de rest van zijn leven gecontinueerd moeten worden.

5.11.5.1.1 Deficiënties

Het is belangrijk om regelmatig laboratoriumbepalingen te doen van de vitaminen, mineralen en spoorelementen waarvan het risico op deficiënties groot is. Aangetoonde deficiënties moeten worden gesuppleerd, zoals ijzer, vitamine B_{12}, calcium, magnesium, zink en de vetoplosbare vitaminen A, D, E en K, zeker bij steatorroe. Ook kan er een groot tekort aan zouten ontstaan door het verlies van voedingsstoffen via feces, braken en fistels. Het is nodig om dit aan te vullen. Het gebruik van één of twee multivitaminepreparaten per dag kan wenselijk zijn ter preventie van deficiënties, maar is veelal onvoldoende voor de behandeling van reeds aangetoonde deficiënties. In enkele gevallen zijn de deficiënties niet met de normale suppleties te verhelpen en zijn de patiënten (soms levenslang) afhankelijk van intraveneuze toediening van een bepaald mineraal, bijvoorbeeld magnesium (Buchman en Sellin 2000; Buchman et al. 2003).

5.12 Overige aandoeningen van de dunne darm

5.12.1 'Blind loop'-syndroom

Het 'blind loop'- of 'stagnant loop'-syndroom is min of meer identiek aan dysbacteriotische diarree, maar er is vaak een meer uitgesproken 'bacterial overgrowth', vooral na operaties en bij vernauwingen. De dieetbehandeling bestaat uit het corrigeren van deficiënties als gevolg van malabsorptie; dit gaat meestal om vetoplosbare vitamines, vitamine B_{12} en mineralen. Bij een positieve lactose-waterstofademtest zou lactose vermeden moeten worden (Bures et al. 2010; Bohm et al. 2013; Grace et al. 2013).

5.12.2 *Motiliteitsstoornis van de dunne darm*

Bij een motiliteitsstoornis verandert de passagesnelheid door de dunne darm. Ziekten die gepaard gaan met stoornissen in de motiliteit kunnen onderverdeeld worden in (Steehouwer et al. 2010):

- afwijkingen van het autonome zenuwstelsel (diabetische neuropathie);
- collageenziekten (sclerodermie);
- schildklierzieken (hyper- en hypothyreoïdie);
- functionele dyspepsie;
- prikkelbaredarmsyndroom;
- andere aandoeningen, zoals porfyrie, amyloïdose;
- mechanische obstructie:
  - strengileus;
  - verklevingen;
  - malrotatie;
  - darminvaginatie;
  - volvulus;
  - ontstekingsprocessen (ziekte van Crohn);
- acute intestinale pseudo-obstructie:
  - paralytische ileus (o.a. bij acutebuiksyndromen, postoperatief na buikoperaties, stoornissen in de elektolythuishouding, geneesmiddelenintoxicaties);
- chronische idiopatische intestinale pseudo-obstructie.

De medische behandeling van de motiliteitsstoornis hangt af van de ziekte waardoor deze ontstaat. Dat geldt ook voor de dieetbehandeling. Bij de bovenste zes ziektebeelden zal de dieetbehandeling gebaseerd zijn op het voorkomen van ondervoeding en veelal bestaan uit een vezelrijk dieet (30–40 gram) met frequente, kleine maaltijden. Belangrijk is dat de dieetbehandeling op het klachtenpatroon van de patiënt afgestemd dient te worden, waarbij vooral aandacht besteed moet worden aan de volwaardigheid van de voeding.

Bij de drie onderste ziektebeelden is vaak chirurgische interventie en/of medicamenteuze behandeling noodzakelijk en speelt enterale en/of parenterale voeding een belangrijke rol in het voeden van de patiënt.

5.12.3 *Ziekte van Whipple*

De ziekte van Whipple is een zeldzame chronische systeemaandoening, waarbij bijna elk orgaan in het lichaam betrokken kan zijn, maar waarbij vrijwel altijd een specifieke ontsteking in de dunne darm vooropstaat. Een ernstige malabsorptie staat op de voorgrond, met diarree en anorexie. De diagnose wordt gesteld met een biopt verkregen via endoscopisch onderzoek. De medische behandeling omvat het starten van antibiotica (Steehouwer et al. 2010). De dieetbehandeling is gericht op de behandeling van ondervoeding en het voorkomen/aanvullen van nutriënttekorten.

5.12.4 Aandoeningen waarbij voeding geen rol speelt

Aandoeningen van de dunne darm geven veelal voedinggerelateerde klachten. Er zijn echter aandoeningen waarbij voeding geen rol speelt bij het ontstaan of bij de behandeling. In die gevallen is er geen indicatie voor dieetbehandeling, tenzij er sprake is van (risico op) ondervoeding.

Dit betreft de volgende aandoeningen:

- angiodysplasie;
- infectie met *Blastocystis spp;*
- Meckel-divertikel;
- syndroom van Peutz-Jeghers;
- maagsaphypersecretie;
- syndroom van Henoch-Schönlein (indien nodig dieetbehandeling bij nierproblemen).

5.13 Aanbevelingen voor de praktijk

De dunne darm speelt een erg belangrijke rol bij de vertering van de voeding. Aandoeningen in dit gebied leiden dan ook onherroepelijk tot voedingsproblemen en ondervoeding. In dit hoofdstuk is gepoogd meer inzicht te geven in deze aandoeningen, evenals een eerste aanzet tot een goed behandelplan. Kennis van de achtergronden is hierbij onontbeerlijk.

Het verdient aanbeveling om voor de genoemde aandoeningen te werken met een actueel en 'evidence-based' dieetbehandelingsprotocol. Aangezien elke patiënt en elk ziektebeeld zich uniek kunnen gedragen, is het echter van evident belang om te allen tijde de dieetbehandeling af te stemmen op de individuele situatie met behulp van actuele (internationale) literatuur.

Tijdens de behandeling staat het behandelen van de ondervoeding, het behouden/verbeteren van het lichaamsgewicht, het behouden/verbeteren van de voedingstoestand, het verminderen van klachten en het voorkomen of aanvullen van deficiënties centraal.

Literatuur

Bastiani, W. F. (2014). Dieetbehandelingsrichtlijn 10: Coeliakie/dermatitis herpetiformis. Rotterdam: 2010 Uitgevers.

Belo, J. N., et al. (2014). NHG-Standaard Acute diarree. *Huisarts Wet, 57*(9), 462–471.

Bohm, M., Siwiec, R. M., & Wo, J. M. (2013). Diagnosis and management of small intestinal bacterial overgrowth. *Nutrition in Clinical Practice, 28*, 289–299.

Buchman, A. L., & Sellin, J. (2000). Clinical management of short-bowel syndrome. In T. Bayless & S. Hanauer (Eds.), *Advanced Therapy of Inflammatory Bowel Disease* (2nd ed.). Ontario: BC Decker.

Buchman, A. L., Scolapio, J., & Fryer, J. (2003). AGA Technical review on short bowel syndrome and intestinal transplantation. *Gastroenterology, 124*, 1111–1134.

Bures, J., et al. (2010). Small intestinal bacterial overgrowth syndrome. *World Journal of Gastroenterol, 16*(24), 2978–2990.

CBO. (2008). *Richtlijn Coeliakie en Dermatitis Herpetiformis*. Utrecht: CBO.

Fasano, A., & Catassi, C. (2001). Current approaches to diagnosis and treatment of celiac disease: an evolving spectrum. *Gastroenterology, 121*(6), 1527–1528.

Goh, J., & O'Morain, C. A. O. (2003). Review article: nutrition and adult inflammatory bowel disease. *Aliment Pharmacol Ther, 17*, 307–320.

Grace, E., et al. (2013). Review: small intestinal bacterial overgrowth – prevalence, clinical features, current and developing diagnostic tests, and treatment. *Aliment Pharmacol Ther, 38*, 674–688.

Griffiths, A. M. (1999). Inflammatory bowel disease. *Modern Nutrition in Health and Disease, 9*, 1141–1149.

Helfrich, C., Tap, P., & Wierdsma, N. (2012). Dieetbehandelingsrichtlijn 31: Inflammatoire darmziekten: colitis ulcerosa en de ziekte van Crohn. Rotterdam: 2010 Uitgevers.

Heuvel, T. R. A. van den, et al. (2015). Cohort Profile: The Inflammatory bowel disease south limburg cohort (IBDSL). *International Journal of Epidemiology*, 1–9.

Hopper, et al. (2008). What is the role of serologic testing in celiac disease? A prospective, biopsy-conformed study with economic analysis. *Clinical Gastroenterology and Hepatology, 6*, 1314–1320.

Jeejeebhoy, K. N. (1995). Nutritional aspects of inflammatory bowel disease. *Inflammatory Bowel Disease, 4*, 734–749.

Kolkman, J. J., Reeders, J. W. A. J., & Geelkerken, R. H. (2000). Gastro-intestinale chirurgie en gastro-enterologie. VIII. Gastro-enterologische aspecten van chronische maag-darmischemie. *Nederlands Tijdschrift voor Geneeskunde, 144*(17), 792–797.

Kruizenga, H., & Wierdsma, N. (2014). *Zakboek Diëtetiek*. Amsterdam: VU University Press.

Lanschot, J. J. B. van, et al. (1999). *Gastro-intestinale chirurgie en gastro-enterologie in onderling verband* (pp. 309–333). Houten: Bohn Stafleu van Loghum.

Maag Lever Darm Stichting.

Mastoraki, A., et al. (2016). Mesenteric ischemia: Pathogenesis and challenging diagnostic and therapeutic modalities. *World Journal of Gastrointest Pathophysiol, 7*(1), 125–130.

Matarese, L. E., et al. (2005). Short bowel syndrome: clinical guidelines for nutrition management. *Nutrition in Clinical Practice, 20*(5), 493–502.

Medisch spectrum twente. Maagdarm ischemie centrum twente.

Nederlandse coeliakie vereniging.

Netwerk diëtisten MDL, www.mdldietisten.nl.

Nijeboer, P., Mulder, C. J. J., & Bouma, G. (2013). Glutensensitiviteit: hype of nieuwe epidemie? *Nederlands Tijdschrift voor Geneeskunde, 157*, A6168.

Nood, E. van, et al. (2013). Duodenal infusion of donor feces for recurrent clostridium difficile. *New England Journal of Medicine, 368*, 407–415.

O'Keefe, S. J., et al. (2006). Short bowel syndrome and intestinal failure: consensus definitions and overview. *Clinical Gastroenterol Hepatology, 4*(1), 6–10.

Peppercorn, M. A., Kane, S. V. (2014). Clinical manifestations, diagnosis and prognosis of Crohn disease in adults. *Up to date*, last updated: 21 april.

Pena, A. S., & Wijmenga, C. (2001). Genetic factors underlying gluten-sensitive enteropathy. *Current Allergy and Asthma Reports, 1*, 526–533.

Pironi, L. (2015). Chronic intestinal failure. *Espen guidelines*.

Steehouwer, C. D. A., Koopmans R. P., Meer J. van der. (2010). Interne geneeskunde. Houten: Bohn Stafleu van Loghum.

Vesa, et al. (2000). Lactose intolerance. *Journal of the American College of Nutrition, 19*(2), 165S–175S.

Wilmore, D. W., & Robinson, M. K. (2000). Short bowel syndrome. *World Journal of Surgery, 24*, 1486–1492.

Websites

www.glutenvrij.nl.
www.livaad.nl.
www.mdldietisten.nl.
www.mlds.nl.
www.mst.nl.
www.PSinfoodservice.nl.
www.voedingscentrum.nl.

Printed in the United States
By Bookmasters